THE HISTORY
OF WINE
—— IN ——
100 BOTTLES

FROM BACCHUS
TO
BORDEAUX
AND
BEYOND

葡萄酒史

八千年

[英] 奥兹·克拉克◎著

李文良◎译

中国画报出版社
CHINA PICTORIAL PUBLISHING HOUSE

他以过人的味觉、不逊的风格、准确的预测和对生活，尤其是对葡萄酒的热爱和执着而闻名世界。奥兹·克拉克（Oz Clarke）是英国最受欢迎的葡萄酒作家，他是一系列葡萄酒畅销书的作者，他在BBC的电视和广播节目让观众如醉如痴、乐不可支。

葡萄酒史八千年

从酒神巴克斯到波尔多

The HISTORY of WINE in 100 BOTTLES

FROM BACCHUS TO BORDEAUX AND BEYOND

[英] 奥兹·克拉克 著

李文良 译

中国画报出版社·北京

First Published in the United Kingdom in 2015

by Pavilion, 1 Gower Street, London, WC1E 6HD

An imprint of Pavilion Books Group Ltd.

Copyright @2015 by Pavilion Books Company Limited

Text copyright @ 2015 Oz Clarke

北京市版权局著作权合同登记号：图字01-2016-8069

献给亲爱的索菲亚（Sophia）的第一本书

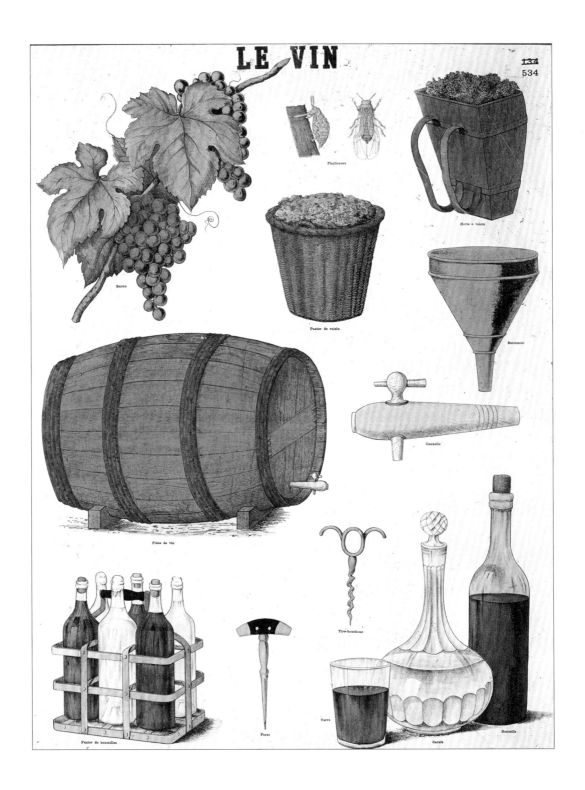

Raisin

Phylloxera

Hotte à raisin

Panier de raisin

Entonnoir

Cannelle

Pièce de vin

Tire-bouchon

Foret

Verre

Carafe

Bouteille

Panier de bouteilles

目 录

前言

这不仅仅是一百瓶酒的历史，也不仅仅是葡萄酒的一段历史，本书中以葡萄酒为核心的一百个故事，囊括了葡萄酒所有的历史和文化，涉及艺术、政治、科学、帝国的缔造和战争，以及那些幸运的错误、绝妙的猜想、黑暗中的飞跃和人类的弱点。这一切创造了我们的葡萄酒世界。它也不仅仅关注于酒瓶，因为我要讲的很多故事发生在酒瓶发明之前。

很久以前，有人在无意中酿造出了葡萄酒的那一刻起，运输、储存、品饮和所需的器皿、酒具就是至关重要的部分。葡萄酒是一种液体，如果你没有一个合适的容器，它只能被洒在地上然后消失。数千年来，葡萄酒对我们最大的挑战就是在品尝它之前如何防止它变成醋。酒是宝贵的。如何能在平庸产品中甄别出无价之宝？陶罐、木桶、酒瓶、标签，还有软木塞和开瓶器，都有各自的作用。在未来，我们还将使用酒瓶吗？我们仍然使用软木塞吗？塑料或纸或金属将会取代玻璃吗？

这些都是我要讲的故事。有时仅仅是一个简单的酒瓶的故事，有时则是一个因酒而显著改变了历史进程的故

这幅 13 世纪的威尼斯马赛克镶嵌画描绘了"醉酒的诺亚"（*drunkenness of Noah*）。据《圣经》记载，诺亚（Noah）是我们的第一个葡萄园主

一只公元前 5 世纪的希腊酒具，用于混合葡萄酒和水。希腊人以稀释葡萄酒闻名。诗人荷马（Homer）喜欢以 20:1 的比例混合水与酒

事。我们确实珍存有一瓶最古老的葡萄酒做例证，它是 1540 年的德国施泰因（Steinwein）葡萄酒，这就是我讲故事的基础。我们也有不少 1914 年和 1915 年的"血色年代"(blood vintages) 香槟酒，正当葡萄收获时，德国炮弹雨点般落在周围；我们还有世界上最昂贵的葡萄酒，例如修女们酿造的莱茵白葡萄酒 (Blue Nun Liebfraumilch)(又称"蓝仙姑")和蒙大拿（Montana）州的新西兰白苏维农（Sauvignon Blanc）。这些酒之所以位列首位，是因为它们代表着葡萄酒世界的重要足迹。

然而也还有一些其他足迹，不管它们是前进或者后退的，这时某一瓶酒就不是那么重要了，但是故事必须讲。诸如 19 世纪摧毁了欧洲葡萄园的葡萄根瘤蚜虫（phylloxera aphid）、雪莉酒（sherry）或叫萨克（Sherris sack）葡萄酒的起起落落；据说莎士比亚笔下的喜剧人物福斯塔夫（Falstaff）能以加仑为单位地喝酒；沉醉在葡萄酒中的庞贝（Pompeii）古城被毁灭；路易·巴斯德（Louis Pasteur）带来的科学革命，以及诺亚在大洪水之后着手重新繁衍世界时的畅饮之酒。这些故事都无需出示具体的酒瓶，但是我很想讲述这些故事，那是由一个酒瓶或者一个壶罐所带来的美好图景。

所以我说这是一部葡萄酒史。我毫不谦虚地说，这是我的版本的历史，我找到了有趣的或好玩的人与事，或两者兼而有之。可能在本书中遗漏了某瓶酒而你恰恰需要它，请提出意见，我会欣然接受。坦白地说，我可能罗列了二百瓶葡萄酒

的历史，但我仍然可能错过了一些宝石。这些宝石不仅仅是我要赞美的葡萄酒的重要时刻，也许还是古怪的、平凡的或是高调的。你真的认为赞美第一瓶白仙芬黛（White Zinfandel）、第一瓶莱茵白葡萄酒（Liebfraumilch）或者第一个"盒装酒"（bag-in-box）是重要的事情吗？实际上是的，我喜欢。此类事件对于我们将葡萄酒文化广泛地传播到世界各地具有重要意义。

它们与香槟的发明、以产地监控为基础建立的反欺诈系统，如法国原产地证明 (French Appellation Contrôlée)、以及软木塞和开瓶器的开发等等是同等的重要吗？也许不是，但如果没有它们，葡萄酒的故事将会苍白无趣。

葡萄酒有着非常丰富多彩的历史，因为酒存在的意义是使人欢乐，让人们的生活更有乐趣，并带来哲学和智慧，为聚会创造笑声和浪漫，而不仅仅是简单地品尝杯中物的滋味。然而我不能忘记，在一些地方，葡萄酒仍然被有意识地大量使用在贸易和政策中。有时葡萄酒被社会当作最有价值的商品，甚至一个国家的财富都依赖于它。许多战争因它而起，殖民地的建立也是为了它的持续供应，在第二次世界大战中掠夺法国最好的葡萄酒就是征服者最具象征性的行为。

最早是宗教把葡萄酒与人的心灵拉近。最初它因为发酵的过程无法解释而被视为是神赐的礼物，因而对葡萄酒的宗教狂热就在葡萄酒、酒神和女神的神话基础上充满热情地发展起来，形成了可观的葡萄酒消费量。后来，葡萄酒便成了犹太教（Judaism）和基督教

这瓶 1914 年的宝禄爵（Pol Roger）香槟酒就是非常罕见的"血色年代葡萄酒"（blood vintages），收获于德国战争的枪林弹雨之中。它在 2014 年伦敦伯罕姆（Bonhams）拍卖售出，成交价 5640 英镑

（Christianity）所共有的宗教仪式中不可分割的一部分。如果你注意到在本书中从罗马帝国（Roman Empire）的终结到中世纪（Middle Ages）之间那段很长的间隔，在那个黑暗时代里，没有多少文化能得以完好无损地幸存，但主教和僧侣们却使葡萄酒文化薪尽火传。

当我们到了中世纪，葡萄酒的故事进程便加快了步伐，不仅夺回了自己在欧洲的地位，还扩张到了美洲、非洲、新西兰和澳大利亚，甚至到达更北、更南、更高、更冷和更干燥的地方，确立新的葡萄酒风格，重建旧秩序，树立规则壁垒，规定你如何包装酒、使用什么标签、如何销售以及如何饮酒。我希望这一个个美妙的故事，这一百个瓶装的历史能为你展示和说明葡萄酒的丰富内涵。

奥兹克拉克

工作人员在纽约华尔道夫（Waldorf Astoria）酒店庆祝《禁酒令》(Prohibition) 的结束。声名狼藉的禁酒法案发布于 1920 年 1 月 17 日，持续到 1933 年 12 月 5 日。其目标是烈酒，而不是葡萄酒。但是最终所有的酒都被卷入了全国性创建无酒精区的狂热。桌上的这瓶 1923 年干莫诺珀利香槟（Dry Monopole 1923）正准备供人开怀畅饮

广告语"葡萄酒伴你就餐"（the wine you drink right through the meal），蓝衣修女（Blue Nun）是世界上最著名的莱茵白葡萄酒（Liebfraumilch），它将葡萄酒引入了一个全新的时代。截至 1985 年，它在全球每年销售 200 万箱，其中仅在美国一地就达 125 万箱

格鲁吉亚人用来酿造葡萄酒的 2300 加仑 (9000 升) 蜂蜡土罐。将葡萄压碎装入罐中，埋入地下，然后就是等待，直至酒成。现在传统主义者仍在沿循完全一样的方法酿酒

一切从何说起？

要是能够说清何处是酿酒开始的地方就好了。但这是一场移动的盛宴。长期以来，似乎没有太多人关心在古希腊人和古罗马人之前发生了什么，但在过去的十年中，人们对于高加索地区（Transcaucasus）的格鲁吉亚（Georgia）、亚美尼亚（Armenia）和阿塞拜疆（Azerbaijan），以及土耳其的南安纳托利亚（Southern Anatolia）和伊朗的扎格罗斯（Zagros）山区，兴趣大增。

我之所以选择格鲁吉亚作为起点，是因为在作为研究对象的所有酿酒国家中，格鲁吉亚珍存的酒文化比其他国家更紧密地与它的过去连接着。其纯粹的葡萄酒口味，完全与任何现代葡萄酒饮用者的普遍经验和认知不同。他们使用的酿酒方法，是你无法在现代世界里发明出来的，你只能穿越时光去继承它们，也许要回溯到早在有人类记录之前。我曾喝过几瓶格鲁吉亚葡萄酒，其中有些酒令我想要感谢过去 8000 年中科学的进步，但也有一些酒使得我停下脚步，丢下笔记本，洗刷掉我头脑中的预想和偏见，尽管自己在品酒圈中浸淫多年，这些令人兴奋的全新发现依然令我惊叹又眩晕。在此我仅举一个例子，就是我在 2011 年喝到的基西（Kisi）白葡萄酒，之前我从来没有听说过它。它的制作过程是：把葡萄的皮和茎叶及其一切，装入一个土罐中置于水下六个月，然后形成明亮的橙色果酱，带有甘菊、稻草和桃子的味道，口感与其他红葡萄酱一样黏稠，还有点种植地的泥土味道，仿佛他们没把葡萄洗洗就入罐了。那口感苦如帆布，烈如橘皮，浓如无花果。你问我想要再来一杯吗？当然，我绝对会再来一杯。难道你不想通过第二杯，使自己与 8000 年前的风味葡萄酒接近一些吗？

该如何描述这种葡萄酒的风格呢？这么说吧，首先格鲁吉亚可以被视为一个熔炉，从这儿衍生出了大多数的欧洲现代酿酒所用的葡萄品种。当然现有已发现的格鲁吉亚酿酒证据是在公元前 6 世纪。那么那时他们如何酿酒呢？格鲁吉亚人将树干掏空，填入葡萄，踩烂踏实，然后把果汁、果皮、果核甚至茎叶一起倒入巨大的、叫作可味夫利（kvevri）的陶土罐里，然后用蜂蜡密封发酵六个月或者一年，才能开罐畅饮。他们就是怎么做酒的吗？是的，在格鲁吉亚的村庄和小镇里，他们现在依然这样酿酒。即使他们不是第一批酿酒的人类，他们也是为酒起了第一个名字的人。格鲁吉亚人把酒称作"格味诺"（gvino），他们的古历十月也叫做 Gvinobistve，即酒的月份。否则，希腊人又是从哪里得到 oenos 的名字呢？还有意大利人的 vino，法国人的 Vin 呢？

葡萄酒露出真面目的时刻。打开可味夫利（kvevri）的盖子，用长柄杓舀出酒浆装入玻璃瓶。赞美 8000 年前的古老传统

葡萄酒的传说和神话

爱好饮酒的人都喜欢令人眩晕的故事，这并不奇怪。有一些关于葡萄酒的发现和葡萄园的种植传说，也许能反映出一些关于它们的真实情况，也许不能，此乃一己之见。

它们肯定有一点点合理性，最古老的故事暗示葡萄酒不是由人类发明的，而是在一个快乐的日子里天赐琼浆。毕竟，野生葡萄在数不清的岁月里一直生长在广袤的大地上，酵母菌也一直在葡萄皮上，至少与葡萄一起生长，等待着一个幸运的偶然，这只是一个时间问题。于是酒浆诞生了，好像魔术一样，你也可以视为有神的介入。

最著名的故事来自于古代波斯（Persia）（即今天的伊朗），涉及到贾姆希德国王（King Jamshid），他是波斯神话里的英雄人物之一。贾姆希德一年四季都喜欢吃葡萄，于是他的仆人便仔细地将葡萄存储于陶罐中，供国王在没有葡萄的季节里享用。显然，陶罐不能保证葡萄的存储需求，因为葡萄的裂缝会渗出汁液，然后发酵。打开罐子的人都会被里面冲出的酒精和甜酸味道熏得头晕脑胀。真是讨厌的东西！没准儿有毒，也许还有狡猾的魔法。无论是什么，陶罐都被标上有毒，放到一边。但贾姆希德的一个宫女看到了这罐"毒药"，她正在被"强烈的头痛"折磨着，所以决定去服毒解脱。

后来的故事是这样的：她喝下"毒药"后便睡着了，醒来后精神焕发，头也不痛了。我认为她是换了一个"脑袋"。这个故事并未提到前一天的晚上她情绪高昂地在餐桌上跳着舞，应付着那些要剥光她衣服的客人们。她显然很喜欢这种"毒药"，因为她又回去把整罐都喝光了。真是好酒量！之后贾姆希德知道了此事，命令采集更多的葡萄用于"毒药"治疗，并宣布酒是一种神圣的药物。他还迫不及待地要亲口尝尝。这看上去完全像是我干的事。实际上酒尝起来肯定是不错的，因为他们可能把葡萄晒成了葡萄干以便冬季保存，所以"毒药"味道就变得相当醇厚而独特。

在离波斯人贾姆希德更远一些的南方，美索不达米亚（Mesopotamia），在巴比伦人（Babylonian）的《吉尔伽美什的史诗》（Epic of Gilgamesh）中有一个人物名叫恩奇杜（Enkidu），一个"树林里的野人"，诗中描写了他第一次喝酒的故事。"他喝了七杯，神志开始迷糊，嬉闹不止。心里的快乐洋溢在脸上。"这个故事我听起来很熟悉。我们都曾有过同样的经历。他有可能喝的就是年代葡萄酒，但它应该是用葡萄干酿的酒。葡萄树可能是野生的，或者是经过移植栽培的。

《圣经》也给我们讲述了第一个葡萄园主诺亚（Noah）的故事。在《创世纪》篇（Book of Genesis）中，当大洪水消退后，诺亚做的第一件事便是开辟了一个葡萄园，那是在公元前2350年左右。他第一次试喝了他的酒并喝醉了，男人总是这样。传说中，诺亚方舟最终停泊的地方是在高加索山脉（Caucasus）的阿勒山（Mount Ararat），位于土耳其－亚美尼亚（Turkish－Armenian）边界。这不只是个传说，根据声波探测考古结果证明，不仅是这一地区，而且再往北一点，在格鲁吉亚，也许就是第一个葡萄酒厂的所在地。人类从那儿开始开垦土地并移植野生葡萄藤，他们的葡萄可能已存在了一百多万年。

上图：据《圣经》记载，诺亚是我们第一个葡萄园的主人。从这幅 14 世纪英文版《圣经》里的图片（下）中他所呈现出的状态来判断，他花了相当一段时间学习如何保存他的饮料

对页：以波斯国王贾姆希德 [又称詹姆希德 (Jamsheed)] 之名命名的优质澳大利亚红，这是一种有品牌标记的西拉（Syrah）葡萄，设拉子（Shiraz）葡萄是它的另一个名字，沿用的是古波斯城市西拉子的名字

一个希腊宴会上的侍酒员。看来在希腊的宴会上提供服务必须裸体，以转移对美酒的注意力

希腊

据说无须喝太多，我们便会迷醉在古希腊葡萄酒的风味中，那儿的每一个事件都使我们难以置信，然而希腊依然很重要，部分原因是它确实是我们可以追溯的第一个饮酒的社会。即便是非常普通的人也时不时地喝上一杯，希腊作家们的作品几个世纪以来一直都被翻译成令人手不释卷的英语读物。

希腊是葡萄酒和葡萄种在欧洲传播的拐点。罗马人在建立葡萄园方面比西班牙、法国、德国甚至英格兰可能更有名气。但是谁让罗马人这么做的？是希腊人。他们也有一个酒神，名字听起来很有趣，叫作狄俄尼索斯（Dionysus）。他开始并不是作为葡萄酒神出现的，植物繁育是他的第一责任。但是你可以从中想象到这个工作最终会过渡到葡萄酒和酒事：植被，葡萄树，葡萄，葡萄酒，酒会，失去自制力，繁殖问题。但是，停一下，葡萄酒和神学是怎么纠结在一起的？关于葡萄酒，没有人知道如何以及为什么会发酵。是魔法吗？还是有神的介入？如果你喝了酒，你的精神状态会被改变，你的禁忌消失了。是酒神创造的这种效应吗？还是说神实际上就在酒里面？我们是在喝一个神仙吗？对于古希腊人来说，也许是这样的。

这是很重要的一点，因为总体来说希腊人不是酗酒者。当他们饮酒时，经常要把酒稀释得很淡。诗人赫西奥德（Hesiod）饮酒时是按照一份酒加入三份水的比例勾兑他的杯中物。爱喝烈酒的诗人荷马（Homer）则是在一份酒中兑入二十份水，以保持他头脑清醒地按时完成大作《伊利亚特》（Iliad）。所以，醉酒不是一个典型的希腊人的行为。除非他们参加纪念酒神狄俄尼索斯的半宗教性商务活动。由此可以理解，既然狄俄尼索斯成为最受希腊人欢迎的神，定期举办的的狄俄尼索斯酒神节也变得越来越嘈杂粗暴，所以政府按照《101条例》（Politics 101）将其国有化，防止某些危险分子借机进行破坏性活动。

的确，希腊诗人优布罗斯（Eubulus）率先用文字绘出了一份非常有意义的饮酒者的行为路线图景。他写道："我要用三只碗来勾兑出温和：第一碗盛着健康，他们可以一口喝掉；第二碗盛着爱和快乐；第三碗是睡觉。当这

三碗喝完，明智的客人便回家。第四碗则不再属于我们，而是属于失态，东歪西倒；第五碗是骚动；第六碗是醉酒狂欢；第七碗是鼻青脸肿；第八碗是警察到来；第九碗属于身体不适感；第十碗就是疯乱和投掷的家具。"正是这些酒能让我的学生瞬间回到周六晚上。

希腊葡萄酒可分为两种类型：早熟品种又瘦又涩，很快变酸，是普通大众喝的酒；甜葡萄酒则由完全成熟的葡萄酿造，把覆盖着芦苇叶的成熟葡萄晾在太阳下的框架中，直到它们萎缩，水分散发，糖分提高。然后它们进入到陶土罐中与甜葡萄汁混合，一周后再进行压榨和发酵。由此产生的酒是甜的，可以长久存放。这一工艺经过罗马人的改造而更上一层楼。罗马人是如何得到这个工艺的呢？是因为定居意大利南部的希腊人带去了葡萄种。意大利半岛也被称为"大希腊"（Greater Greece）：西西里岛（Sicily）东部的港口城市锡拉丘兹（Syracuse）在那个时期是希腊最大的城市。希腊人还带着葡萄酒和葡萄种远行到了法国南部、北非和俄罗斯西部。

这是狄俄尼索斯（Dionysus），罗马人称其为酒神巴克斯（Bacchus），看起来他好像可以喝烈性酒

埃及

坟墓，它们可不是你乐意了解一个国家酒文化的第一个地方。但埃及的坟墓不是常见的地下六尺殡葬，国王和高级官员的坟墓大多以绘画为装饰，看到那些壁画是每一位考古学家的梦想。

这些坟墓中装进了大量的酒罐。最著名的是图坦卡蒙（Tutankhamun）（大约公元前1341—前1323年）的坟墓，里面共有36罐不同种类的葡萄酒，并且清晰地标注了年份、产地和生产者的名字。在此举一个例子："四年。西河（Western River）阿托恩酒厂（House of Aten）优质酒。首席葡萄酒师可哈伊（Kha'y）"。这真是太奇妙了！年份、质量、产地和那个负责酿酒的家伙，我们现在需要知道的都包括了，只剩下品尝味道。那我们就只能打电话问问当时的人了。因为这些葡萄酒罐子从未被打开过。即使如此，这也是第一个以文字的形式表现葡萄酒出处的文明实例。你差不多已接触到了尼罗河三角洲（Nile Delta）那个原产地管理证明（Appellation Contrôlée）系统的萌芽。

有趣的是，是那些尊贵人物的坟墓给了我们对埃及葡萄酒最深切的认知，他们证明了葡萄园管理和酒厂技术在

那时已是高度发达。首先，尼罗河三角洲西部被认为是最好的葡萄产地，紧挨着地中海（Mediterranean）的马里奥特湖（Lake Mariout）地区的葡萄酒备受称赞。大部分的葡萄品种在大棚里种植，后来这些坟墓又展示出了葡萄藤蔓攀援在作为支持物的木杆或芦苇丛上。在卡姆瓦赛法老墓的一幅壁画中有一个特别的完整场景，描绘了从大约公元前1480到公元前1425年葡萄酒的整个生产过程。葡萄种植在高架长廊中，对于一个干旱炎热的国家，这既可用于提供遮荫和减少水分蒸发，又可使葡萄便于采摘。因为葡萄生长在三角洲的淤泥中，高地上梯田的开垦则提供了无须施肥和免遭洪水的良好种植条件。

葡萄被运送到酒厂，然后放在一个浅槽内由人工踩踏。踩踏工人用从上方的柱子垂下的绳带来稳定他们的身体，这是多么好的想法：因为踩踏葡萄这个工作很容易滑倒。葡萄汁随后转移到双耳细颈瓦罐中静置发酵，通常在封罐前经过高温消毒，然后贴上封签，详细标明产地和酿酒师。一切工作完成，沿着尼罗河直接运输到某个家伙的坟墓里。其他坟墓的壁画也有展示葡萄榨汁的过程：初步过滤后，葡萄汁用火煮成甜葡萄糖浆，这是罗马人最喜欢的甜味葡萄酒的添加剂。还有宴会中呕吐的女人和昏睡的男人被仆人们侍候着的画面。

由此可见，在古埃及上层社会喝葡萄酒是很高贵的活动，日常的饮料则是啤酒。埃及人还立下很多规矩，后来为罗马人所沿循。特别需要说的是他们对于双耳细颈椭圆土罐的发展，这些高大的陶土罐的底部要埋在沙子里，以免在运输时被毁坏，狭窄的瓶颈很容易密封，防止空气进入罐内使酒氧化。

何等巨大的落差！这是古埃及法老图坦卡蒙(Tutankhamun)的墓，这些陪葬品看起来更像是在跳蚤市场一个汽车尾箱里出售的商品

上图:卡姆瓦赛(Khaemwaset)法老的坟墓壁画,表现了大约公元前1480至公元前1425年,葡萄缠绕在藤架上以及葡萄酒在双耳细颈瓦罐中发酵的情景。
下图:纳卡(Nakht)法老的坟墓壁画描绘了(大约公元前1400年)一个用于踩踏葡萄的水槽。罗马人后来继承了这种方法。

这是从塞浦路斯（Cyprus）海岸沉船中打捞上来的一只腓尼基陶土罐，铭刻着拥有者和葡萄酒检查员的名字

腓尼基（叙利亚古国）

腓尼基人（Phoenician）最出名的是作为第一个使用非暴力手段实现领土扩张的民族，其原则是不通过掠夺和屠杀去征服别人，而是提供和平的、蔑视暴力的交易关系。

腓尼基人也很重要，尽管与其他候选人，譬如叙利亚人（Syrians）和埃及人相比，他们只是被提及发明了喝酒的玻璃容器，但事情并非这么简单。然而，玻璃瓶子确实很重要。有一些证据，说明玻璃是青铜时期（Bronze Age）在埃及和美索不达米亚（Mesopotamia）制造出来的，当然，考古学家认为，中空玻璃器皿是在公元前1500年左右出现的，但这项技术失传了，再度出现则是在公元前8世纪的同一地区，以及附近的腓尼基（Phoenicia），主要是在现今的肥沃飞地[1]——黎巴嫩（Lebanon）。这并不是一个玻璃吹制技术，这项技术是后来的事。腓尼基人的发明，或者说是重新发现或是继承的方法，是在熔融态玻璃中浸渍一袋沙子，再把它在平坦的石头上来回滚动使其成型，表面玻璃冷却后，清空里面的沙子，然后你就有了一个饮酒器皿。吹玻璃技术也源于这个区域，也许是叙利亚，也许是腓尼基，大约是在公元

---

1. 飞地：指位于甲地区而行政上隶属于乙地区的土地。

公元前600年左右的两个腓尼基玻璃壶样品，精美如鬼斧神工

前1世纪，从那里开始，随着罗马帝国的扩张，传播到欧洲各地。

到了公元前1世纪，腓尼基人的力量已经消退，但他们的影响力仍与我们同在，因为他们发明了文字，我作为一个另类的作家没有说"谢谢你们"，毕竟这些文字后来又流传给了希腊人。现在大部分被人们所记住的都是作为商人和探险家的腓尼基人。如果你看看他们在地中海沿岸的位置，处于强大的南部、东部和北部文明之间，这绝对是为了交易。他们沿着地中海建立了许多贸易港口或殖民地，从北非海岸，到西班牙南部和葡萄牙（Portugal），再到迦太基（Carthage），即现在的突尼斯（Tunis）以及西班牙瓜达尔基维尔河（Guadalquivir River）河口的加的斯（Cádiz），建立了伟大的城市文明。明显的可能是从古波斯下来的腓尼基商人带来了葡萄植株，设拉子[2]城的酿酒葡萄是他们最喜欢的品种之一，也正是他们通过塞浦路斯和希腊向欧洲介绍了葡萄品种，这是许多葡萄的前身，尤其是现代的白色品种。

腓尼基人本身也是大葡萄园主和酿酒师。腓尼基北方一个小镇出产的比布鲁斯（Byblos）葡萄酒闻名全希腊。典型的贸易模式是把葡萄酒卖给当地人，使他们喜欢上它，然后建立葡萄园，再生产出更便宜和更有利可图的酒作为后续供应。罗马人极度忌妒他们的葡萄园技能，导致卡托（Cato）发出命令"迦太基必须被摧毁"。他们的葡萄园一直开拓到葡萄牙的杜罗河（Douro）、塔霍（Tagus）河和西班牙的瓜达尔基维尔（Guadalquivir）、埃布罗（Ebro）等河流。在埃布罗（Ebro）河域，他们最远到达了里奥哈（Rioja）。所以当罗马人到达时，那里已经形成了一个初步繁荣的酒文化，静待继续开发。

---

2. 设拉子：伊朗南部城市。

罗马

罗马人还为我们做了什么？公元5世纪，在罗马帝国崩溃的时候，他们制定了许多专业的葡萄酒生产规则，现在我们仍将其视为标准。

很明显他们没有现代机械，但他们就像是罗马时代多产的作家那般，为我们留下了葡萄酒世界的众多资料。罗马人从希腊人那里得到了葡萄酒技术，那些希腊人将意大利南部开辟成他们的殖民地，范围之大以致这一区域被称为"大希腊"（Greater Greece）。但是，亚历山大大帝（Alexander the Great）在公元前4世纪创建起的庞大帝国，却成了希腊最后的绝唱。在公元前1世纪中叶，希腊的力量消退，精明实际的罗马人取而代之，成了新主人。

他们有很多葡萄酒作家，例如卡托（Cato）、霍勒斯（Horace）、维吉尔（Virgil）、奥维德（Ovid）、普林尼（Pliny）以及盖伦（Galen），每个人似乎都奋发向上。他们都想要告诉我们运营一个葡萄园和酿造葡萄酒的最佳方法，以及如何品赏。霍勒斯告诉我们随着年份的增加如何改善葡萄酒；维吉尔告诉我们晚熟葡萄的优点以及在潮湿的葡萄园如何安装排水装置。但是卡托和一个叫科鲁迈拉（Columella）的家伙才真正为酿酒师做了启蒙。卡托为大规模的葡萄酒厂制定了效率规则，而科鲁迈拉则描述了剪枝、搭架的方法，另外关于产量、收获日期等内容，直到今天还能与现今社会产生共鸣。普林尼把葡萄酒分为

如果你是在公元前121年的赫库兰尼姆（Herculaneum）买葡萄酒，这就是卖酒的酒廊。可能那时没有这么多的尘土

不同的等级，他也是第一个对葡萄品种进行分类的人。他认为在意大利有八十个优良品种，其中一些品种可能仍然存在。托福格来克（Greco di Tufo）是使用一种在那不勒斯（Naples）附近的格来克（Greco）葡萄酿造的酒，当地人认为它是古罗马品种之一。斐亚诺（Fiano）可能是另一个，如同派迪洛索（Piedirosso）（又称"红脚"）仍然在维苏威火山（Mount Vesuvius）附近茁壮生长着。

现代的佐餐干葡萄酒与罗马酒毫无相似之处，但有一些罗马人的酿酒方法可能与一些现代方法有点儿相似。他们惯于寻找严重氧化的、高甜度的品种，用它来酿造传统的圣文酒（Vin Santo），类似的方法仍然在托斯卡纳（Tuscany）使用着。装满酒的双耳细颈陶罐敞开盖子吸纳空气，与煮开的葡萄汁混合，然后置于阳光下"不超过四年"。罗马人还建造了一种叫作福马利姆（fumarium）的阁楼房间做葡萄酒人工陈化处理，加热、烟熏、氧化和巴氏杀菌一次完成，与现在的马德拉（Madeira）白葡萄酒工艺一样。最著名的罗马葡萄酒是那不勒斯附近的费乐纳斯（Falernian）白葡萄酒，公元前121年酿造，被称为欧皮曼（Opimian）古董。它的酒力在存放100年后仍然能醉倒人，但大多数的品尝记录都没有描述它的味道，而是更关注其酒精度，如果你点燃它，将会燃起熊熊的火焰。

这些传统风格是随着罗马帝国的扩张而形成的。军队携带着葡萄种，在西班牙杜罗河谷的加泰罗尼亚（Catalonia）建立了葡萄园，现在里奥哈（Rioja）葡萄酒就是其成果。他们还在多瑙河（Danube）、莱茵河（Rhine）、摩泽尔（Mosel）河畔建立了葡萄园。但最重要的是他们在对面的法国南部罗纳河谷（Rhône Valley），勃艮第（Burgundy）、卢瓦尔（Loire）河、香槟（Champagne）地区以及波尔多（Bordeaux）都种植了葡萄。如果你想知道罗马人曾经为我们做了什么，那就是建立了西班牙、德国和法国的经典葡萄园，这是一个不错的开端。

罗马和西班牙 3 世纪的马赛克广告，显示采葡萄的人在一个水槽或大桶里踩葡萄。一些西班牙葡萄园仍在使用此法

这是 16 世纪版普林尼（Pliny）的《自然历史》（*Natural History*）的插图。上面的这个家伙正在往一个桶里倒东西，这对于罗马人有点儿新奇；下面的两个家伙正在压榨麻袋里的葡萄。将麻袋作为初步的过滤器，真是个不错的方法

松香树脂及其他

如果我们要沉迷在新石器时代（Neolithic）的格鲁吉亚和高加索葡萄酒的梦幻世界中，如果我们幻想古希腊葡萄酒的美丽，如果我们想象自己用神酒佳酿来招待古罗马皇帝，我们要马上习惯一件事：

他们的酒可能都有松木树脂的味道。我喜欢松木树脂的香味，当找到一瓶具有醉人的松香味的现代希腊松香葡萄酒时，我会兴奋不已。但我不认为在现代松香酒和古代葡萄酒之间会有什么相似之处。

事情是这样的，现在我们都知道如何保持葡萄酒的新鲜，阻止它变成醋。而在古代，这却是一个严重的挑战。葡萄酒会自动变成醋，除非你能找到一个方法来保护它。现在我们使用硫磺作为一种抗氧化剂，并使用不锈钢罐和气密封口的玻璃瓶。但古人享受不到这些奢侈品。他们所能做到的，就是用松树的香脂防止细菌的侵入。那时的医生曾使用松树脂帮助人们愈合伤口，所以它似乎具有抗菌特性。如果你在酒容器的内部涂抹上松树脂，这可能帮助葡萄酒避免其看似不可避免的醋变。坦率地说，由此产生的结果就是你喝的虽然不是醋，但却是带有强烈的松树脂味道的饮料。毛头小伙子才能适应它。而几百年来，人们确实都习惯了它。普林尼（Pliny）是一个特别的"松香势利眼"。他认为最好的松香（经过煮开的松树脂）来自意大利南部的卡拉布里亚（Calabria），然而最好的纯树脂则来自塞浦路斯。在他的《自然历史》（Natural History）一书中，他描述松香与蜂蜜的颜色极其相同。他特别喜欢把小松香碎片嵌在他的牙齿中，那种"馅饼味道令人愉快"。

但普林尼是罗马人，最先使用松香树脂的人是希腊人。尽管希腊松香味葡萄酒是唯一故意加入松树脂的现代葡萄酒，然而古希腊人却对此不那么热衷。除了酒神节里的宗教崇拜者，他们甚至不是爱喝酒的人，可能的话他们更喜欢有甜味的酒，而且越陈越好。把熟透的葡萄摊在晾垫上并放在烈日下晒干，再酿成高酒精度的甜味葡萄酒，酒精是一种自然保护剂，能防止酒变成醋。即便如此，很少有人喝原浆和未经勾兑的酒。这样的添加剂就像蜜糖、大理石粉以及制陶匠使用的泥土那般，常用于"强化"葡萄酒，但我不知道具体如何去做。在稀释葡萄酒时，用加盐的水而不是用甜水和淡水，比例多达二十倍。就像我说过的，大多数希腊人并不酗酒。

罗马人有点儿不同。首先，如果他们能负担得起的话，他们真的喜欢将松香添加到他们的葡萄酒中。罗马人基本的饮料是帕斯卡（posca），那是一种淡淡的酸葡萄酒混合物，或者说是醋，取决于你怎样看它。但将其再混入三四倍的水，则会让人耳目一新。这是耶稣（Jesus）在被钉上十字架时喝的东西。罗马士兵可能很仁慈。但甜味是罗马享乐主义者的酷爱。宴会上的主角酒被称为穆尔苏姆（mulsum），是一种酒和蜂蜜的混合物。显然古罗马人爱吃甜食，如果你看看他们的菜，以有助开胃为主，味道浓郁，发酵的鱼酱汁和香叶草，再用香甜的水果、蜂蜜以及各种葡萄酒酒提味，你可以看到对于甜蜜添加物的需求。他们尽可能晚地采摘他们的葡萄，煮出一些非常甜的黏稠葡萄汁，用于添加到葡萄酒里。然后他们还会添加各种各样的额外调料，有藏红花（saffron）、胡椒（pepper）、菫菜（violet）、薄荷（mint）、玫瑰花瓣（rose petals），甚至还有苦菜（bitter herb）和苦艾（wormwood）。只是为了调味吗？部分是，但另一部分原因是防腐。然后他们会在风和日丽的时候从近海取一些海水，他们可不蠢，那是用来稀释酒的添加物。为什么这么做？为了转变口味。因为他们经常吃睡鼠（dormice）。

公元79年
庞贝古城

公元 79 年 8 月 24 日，当维苏威火山（Mount Vesuvius）猛烈喷发时，从顶部喷发的熔岩涌向大海，升起的火山灰在空中形成了数英里的尘云，然后向下飘落，像一件恐怖的斗篷覆盖在窒息的生灵之上。岩石和灰烬荡涤了方圆数英里的土地，大地在抽搐震颤。

以上这一切的佐证就是庞贝古城遗址。庞贝古城的毁灭和随后的考古工作，揭示了一个小镇瞬间石化的时刻，这是古罗马最生动的一部分情景。有一个深层的原因能说明我们为何着迷于庞贝古城，因为它是罗马主要的葡萄酒港口。庞贝古城被摧毁时的状况，好像就发生在眼前，波尔多古城已经被一场大地震毁灭了，而庞贝古城却是例外，它并没有，而是被掩埋了。

就葡萄酒而言，庞贝古城是几个故事的组合。这里曾是一个重要港口，主要是为当地的葡萄酒坎帕尼亚（Campania）提供水上运输，目的地不仅到罗马，甚至远至西班牙和大西洋海岸的法国波尔多。因为海湾的柔润气候，庞贝古城周围的山坡上星罗棋布的不仅有农场，还有富人的休闲别墅。在这儿建葡萄园不是以盈利为目的，而是用别墅来炫耀你的财富。这可能在公元 79 年是一个新的想法，但在 17 世纪及其后的世纪中，却是波尔多贵族常做的事情。他们建造城堡，在梅多克（Medoc）半岛上挥霍他们的财产。

所以庞贝古城是一座贸易之都，那里有许多葡萄园地产和浮夸的别墅，当然也有着饮酒淫乐。这已被挖掘出来的大约 120 个酒吧可以证实这一切。维苏威火山的突然爆发瞬间凝结了所有这些活动，留下了一个极富吸引力的透视窗口，使我们得以一览公元纪年第一个世纪时罗马人嗜酒的情景。

首先映入眼帘的是这些双耳细颈

陶土罐。这些都是用于酒类出口和日常服务的。其中一些是在酒吧后面被发现的，它们的用途类似今天的生啤酒桶，有些则是准备装船出口。庞贝古城的商人在这些陶罐的双耳把手上方贴一张封条。在现存的封条样本上，载有清晰可辨的庞贝古城印章，同样的封条在遥远的西班牙和法国西部也有发现。带有封条的这些陶罐会被装上船，每条船所载多达 2000~3000 罐。陶罐并不是完美的，因为它有些脆弱，破碎率很高。但它们在酒吧却是很适宜的，通常堆放在后厅，而那些被叫作多利亚（dolia）的圆圆鼓鼓的罐子则被嵌入花拼石板中用作柜台，它们会装满零食比如橄榄和泡菜，还有本地的葡萄酒，有时你会发现在陶罐下面还有一个炉子用于烧热水，罗马人在冬季里会用热水勾兑葡萄酒。

这些酒吧可能是酒酣耳热的嘈杂之地。而山上的别墅群则比它们精制且复杂得多，因为庞贝古城一年四季都有着美丽温和的天气，所以夏季户外餐厅里的餐桌周围，只设有三把躺椅，餐桌中心堆放着食物和饮料，备用的双耳细颈陶制酒罐立在房间的角落里；食客们斜靠在垫子上，面向餐桌，不夸张地说是懒洋洋地四肢伸开躺卧，并且能够拿取他们可心合口的美食。现在这些酒吧和餐厅都保护良好，在那里你也可以尝尝葡萄酒，嗅嗅食物，并听听坊间的流言蜚语。

一个庞贝人的双耳细颈陶土罐商店。这些应是放在吧台后面装满酒的陶土罐

这些圆圆胖胖的广口陶罐叫作多利亚（dolia），那时应是装满了零食或酒。我可以想象到排着队的喧闹人群

这件公元 1 世纪珍宝的图片是实际大小的两倍。事实上,这些玻璃制的双耳细颈酒壶很小巧,大约有 4 英寸高,直径不到两英寸,一个干渴的人一口便可喝干

公元100年
罗马交出接力棒

随着罗马帝国的扩张,罗马人无论到哪里都会建立葡萄园,制定规则。这些规则直到今天都被视为绝对的经典来接受。

沿着河谷,就会找到有绿荫庇护但开放的斜坡。种植地不要过低,因为会有霜冻;也不能种得太高,因为有风且缺乏热量。选择斜坡的中段,角度对着朝阳或落日方向。不要种植在肥沃的土壤里,那样葡萄会疯长,尽管在任何情况下你都需要为增加食物的产量而为土壤施肥。搭建棚架并修剪葡萄藤枝以控制葡萄产量,这样会使味道更佳。当你面朝北方时,只有通过限制产量,你才将能够获得成熟的葡萄。还要确保你靠近运输通道,在公元1世纪的年代里,这几乎意味着在所有情况下必须有通航河流和港口。你看一下那时罗马人建立的葡萄园的分布地图,他们已经占据了罗讷河最好的部分,勃艮第、香槟、莱茵河和摩泽尔河,甚至英格兰南部。

然而,如果你看看公元1世纪的意大利罗马地图,即便有明确标出,几乎没有一个在今天看来称得上是葡萄园的,因为意大利最好的地点会受到相当的保护。现在只有意大利的中部和北部可以做出最好的葡萄酒。在罗马人统治时,最受尊崇的葡萄园是南面朝向的。高品质的热点地区是罗马南部,尤其是在那不勒斯附近,也有一些散布在西西里岛。一个原因就是"酒香也怕巷子深",葡萄园要首先选择在人口中心附近,即使那里条件很差,因为

长途运输是一个噩梦。这就解释了西西里东部海岸上的葡萄园集群为什么位于大城市锡拉库扎(Syracuse)、卡塔尼亚(Catania)和墨西拿(Messina)城的旁边。它也能解释沿海大城市那不勒斯的葡萄园位置,以及那些围绕在罗马周围的葡萄园集群,尽管对于这里的葡萄酒是否好喝有不同的意见。这是罗马社会的一个特点,没有两个作家能够就哪种葡萄酒是最好的达成共识。但佛罗伦萨(Florence)、博洛尼亚(Bologna)、维罗纳(Verona)、米兰(Milan)、威尼斯(Venice)和都灵(Torino)又如何呢?这些城市现在都拥有著名的葡萄园和葡萄酒。然而那时它们在哪里呢?这事可能只能用酒的风味来解释了。在1世纪末期,我们正处于一个葡萄酒全新风格时代的风头浪尖上,那时的口味倡导清盈、单薄、度数低、更开胃,以法国经典葡萄酒为缩影。随着罗马帝国的崩溃,以及随后的黑暗时代(Dark Ages),正是这些新的经典设法生存下来而得以重现,而经典的罗马和那不勒斯以及西西里葡萄酒则陷入平庸或湮灭,只有那不勒斯的几团伟大的火花仍保持着。但请记住罗马的生活方式和食物料理,他们需要用经过勾兑的、味道丰富的、经常是掺假的葡萄酒来配合他们非常重的甜酸口味、常常散发着异味的但却是他们喜欢的食物。然而随着遥远省区菜系的发展,他们按照当地的传统,如果能搞到的话,使用当地的食品和调料来烹饪。葡萄酒发展也随着他们的菜肴有了显著的变化。伟大的意大利罗马葡萄酒连同它的美食逐渐变成民间传说和历史,欧洲新的葡萄酒领导者则正在觉醒,穿过阿尔卑斯山,迈向大西洋。

罗马周围的葡萄园,这些应是一些上乘之处,现在是生产弗拉斯卡蒂(Frascati)白葡萄甜酒的地方

修道院——伏旧园

理解那个黑暗时代（Dark Ages）的简单方法是把它作为一个持续的低迷时期，它扼杀了生活中所有美好的事物。然而文化的星星之火则一直存活在欧洲修道院的寂静大厅内。这对于保持葡萄酒传统的延续并由罗马人带到欧洲其他国家是极其重要的。

毫无疑问，一直到中世纪一个由主教和修道院组成的混合体，都在促进葡萄酒的发展中发挥着重要作用。但也有很严肃的证据，说那些驱逐了罗马人的抢劫部落也非常热衷于葡萄酒，并希望保持葡萄酒的良好供应。

勃艮第被认为是将酒与修道院联系在一起的伟大传统的诞生地。尽管第一个修道院可能是于 4 世纪初在德国摩泽尔河的特里尔（Trier）出现的。但确实是借助于支持葡萄园和酿酒的主教力量才撑持了以后的几百年。

这不仅仅是对葡萄酒产业完整性的保护，主教还有权拯救生命使其不朽。很多贵族认为将好葡萄园作为礼物捐给教会将有助于实现这一目标。因此教会不得不创建自己的葡萄园来生产圣餐所需的葡萄酒的观点，仅有部分是正确的，因为那时葡萄酒的什一税[1] 很常见，也是一种简单的礼物。

修道院的重要性源于中世纪。本笃修道会（Benedictines）首先发出了改变葡萄酒世界的伟大号令。西多修道会（Cistercians）则是下一个。他们两家都在勃艮第有最好的修道院：本笃会的在梅肯（Macon）后山的克鲁尼（Cluny），西多会的在尼伊特圣若尔热（Nuits-Saint-Georges）对面黑色森林的西多（Cîteaux）。本笃会为保持朴素宁肯失去他们的声誉，他们不仅在勃艮第的哲维瑞 - 香贝丹（Gevrey-Chambertin）以及沃斯恩 - 罗曼尼（Vosne-Romanée）建起了葡萄园，在罗纳河（Rhône）、香槟和卢瓦尔河也有。这些可能来自捐赠，但是本笃会成员自己也是种植者。从 6 世纪开始，他们一直活跃在德国，开垦了摩泽尔河和莱茵河谷，并且在弗兰肯（Franken），还有奥地利和瑞士，都开辟了葡萄园。

西多会成立于 1112 年，以苦修反击放纵的本笃会。但他们也知道葡萄和葡萄酒的价值，所以他们不仅自己使用，也用于贸易。他们分别在香槟地区、卢瓦尔河（Loire）、普罗旺斯（Provence）和德国开辟了葡萄园，莱茵高（Rheingau）地区那巨大而荒凉的克洛斯特埃伯巴赫（Kloster Eberbach）修道院就是他们的。但他们最大的影响是在勃艮第。他们很有可能在 1097 年和 1291 年之间得到了十字军（Crusades）八支东征部队的帮助，骑士们会在离开之前尝试以捐赠土地的方式来增加获得永恒拯救的机会。他们最大的遗赠就是伏旧园的围墙葡萄园，它于 1336 年完成了全封闭。但是一直以来，在勃艮第的克特多（Cote d'Or），或者黄金坡（Golden Slope），他们没日没夜地工作，详细地研究和规划每一寸葡萄园的土地，煞费苦心地测绘出地质优劣点和小气候，然后比较和确定不同的风味。每次测绘都做出标图。还把"特殊葡萄园"（Cru）系统里的每一批葡萄酒单独保管并分别命名，这是如何判断勃艮第并使其增值的一个基本部分，这是由在武若镇（Vougeot）的西多会启动的。

这个相当辉煌的拱券建筑标示着亨利·瑞波瑟（Henri Rebourseau）葡萄园的入口，这是伏旧园的众多产业之一

---

1. 什一税：起源于旧约时代，由欧洲基督教教会向居民征收的一种宗教捐税。

GRAND VIN DE   BOURGOGNE

CLOS DE VOUGEOT

GRAND CRU

APPELLATION CLOS DE VOUGEOT GRAND CRU CONTRÔLÉE

— MIS EN BOUTEILLE AU DOMAINE —

CHATEAU DE MARSANNAY

PROPRIÉTAIRE, RÉCOLTANT À MARSANNAY, CÔTE D'OR, FRANCE

75cl

复原的伏旧园建筑，现在主要用于勃艮第葡萄酒贸易的推广宣传。你可以看到建筑背后斜坡上的葡萄园都是分成小块的。这些将是独立的"特殊葡萄园"（按照特定的品质划分），或者是"特殊葡萄园"内的个人持有产业

伏旧园用围墙保护的葡萄园已经有超过 80 个不同的业主，这是由《拿破仑法典》（Napoleonic Code）制定的法国继承法规的结果，因为继承法规定一切财产都必须由继承人均分。一些小块土地现在只种植了几排葡萄

一瓶非常好的圣朱利安庄园（Saint-Julien château）酒，以约翰·托尔伯特爵士（Sir John Talbot）的名字命名。我不知道为什么他值得纪念：他在卡斯蒂隆之战（Battle of Castillon）中败北，波尔多由此不再归属英国。也许它的老板是法国

我爱这个小罐。它是不太古老，但它标志着克拉雷这个词是如何因波尔多红酒而变得世人皆知

克拉雷的诞生

在历史上，经常是由政治而不是味道，来决定我们最喜欢的酒。历史上的一个人娶了西班牙国王的女儿，所以突然我们都喝起了雪利酒；荷兰王子突然出现在英国王座上，所以突然我们又都喝起了杜松子酒（gin）。波尔多和波尔多葡萄酒也是同样的戏法。几百年来它被称为英国人的饮品——克拉雷（claret），或者叫波尔多淡红酒。

罗马人在波尔多定居了下来，但目的不是来种葡萄。因为位于吉伦特（Gironde）河口的波尔多是欧洲西部最大的天然良港，十分适合作为一个贸易集散地。从地图上看，在地中海和北欧的海上航线市场之间的最佳捷径就是横穿法国南部，即从纳博讷（Narbonne）到波尔多。罗马人确实也种植葡萄作物，尤其是围绕着吉伦特河右岸的布莱依（Blaye）、布尔格（Bourg）以及圣艾米侬（Saint-émilion）。当罗马帝国崩溃时，波尔多的贸易也随之而去。到了中世纪（Middle Ages），法国北部年轻的拉罗谢尔（La Rochelle）港口取而代之且更加繁荣，它起初是以出口盐巴为主，后来其主业也很快转到了葡萄酒。同样，不是因为这里的酒好，而是因为船舶需要在此装卸。这就是为了贸易而不是为了味道的例子。

在1151年的亨利金雀花王朝（Henry Plantagenet）时期，英格兰未来的国王亨利二世（Henry II）迎娶了阿基坦（Aquitaine）的埃莉诺（法兰西王国国王路易七世之妻），埃莉诺（Eleanor）从阿基坦带来了大量嫁妆。法兰西王国那时的领土还没有涵盖现代法国的区域，阿基坦是一个强大的公爵独立领地，统治着整个法兰西南部，包括拉罗谢尔和波尔多。阿基坦现在归属英格兰了，拉罗谢尔（La Rochelle）继续繁荣，直到法兰西王国国王攻击阿基坦，拉罗谢尔屈服了。而波尔多则宣誓永远忠诚于

英国皇室。从此，波尔多和英格兰之间以葡萄酒为中心的深切又特殊的关系发展起来。说实话，当地的波尔多葡萄酒有点儿平淡，需要借助内地的葡萄酒来改善味道，例如卡奥尔（Cahors）和盖拉克（Gaillac）的葡萄酒。但到了14世纪，不列颠国不断增多的波尔多商人每年通过波尔多码头运输了大约相当于1.1亿瓶的葡萄酒。

葡萄种植在城墙的周围，特别是在格拉夫（Graves），虽然不是在梅多克以北，但这里将最终成为波尔多葡萄酒最著名的种植地区，不过，在荷兰人改造土地之前这里却只是一片沼泽。每年秋季，200多艘船舶浩浩荡荡地一起抵达波尔多，到了春季则满载波尔多"克雷特"驶向英格兰和苏格兰港口，如布里斯托尔（Bristol）、伦敦、利思（Leith）以及敦巴顿（Dumbarton）。根据14世纪的一些统计，波尔多运往不列颠的葡萄酒数量，估计可以让每个男人、女人和孩子都能拥有6瓶。真是幸福啊！但这种情况不能持续。法兰西希望阿基坦回来，而英格兰却要保持这种状态。1337年，"百年战争"（Hundred Years' War）爆发。1453年，在卡斯提隆战役（Battle of Castillon）后，英方的约翰爵士（Sir John）被击败，战争结束。一些人说他的失败是因为午餐时酒喝得太多了。不管那些，总之不列颠对波尔多红酒的口味从此建立了，并且保持到今日。

对页右下图：佩普克莱门特庄园（Château Pape Clément）是这一时期硕果仅存的几个葡萄园之一，从1300年开始种植，2006年人们庆祝了它的第七个世纪年份酒

施泰因葡萄酒

我从来没有尝过它，但我知道有一个人尝过。他就是休·约翰逊（Hugh Johnson），著名的英国葡萄酒作家，在 1961 年他是鲁迪纳绍尔（Rudi Nassauer）的梅菲尔（Mayfair）酒店的一小群常客之一。

现在，这个瓶子可能得有 250 岁了。因为在 1700 年之前，封瓶口所需要的软木塞仍然是罗马时代一个失传的项目，等待着重新发现。所以以 150 至 200 年的时间，这款酒就一直放置在某处的木桶里。从木桶到瓶子之间的这段时间里，这瓶 1540 年施泰因葡萄酒大概是被喝掉的最古老的酒了。1540 年，那时米开朗基罗（Michelangelo）还在罗马工作；国王亨利八世（King Henry VIII）刚刚娶了他的第五任妻子凯瑟琳·霍华德（Catherine Howard）；24 年前莎士比亚（Shakespeare）甚至还没出生。这些家伙们在 1961 年悠然闲坐，品尝着这来自 1540 年的古老果实。

有好几个理由证明为何世界上最古老的一瓶酒来自德国。雷司令（Riesling）葡萄是其中之一。在 16 世纪期间，这种葡萄在德国葡萄园开始种植，其抗氧化和保留高酸度的能力立即被人们注意到，因为高酸度对于抗氧化具有巨大的价值，对于阻止一种葡萄酒酒变成醋时尤其重要。当然，不成熟的高酸度是无益的，但在 15 世纪末期和 16 世纪早期，人们看到了一系列不同凡响的温馨的年份酒。

然而它并没有持续多久。在 19 世纪中叶欧洲气候变冷的一个微型冰河期（mini ice-age）中，它是一个短暂的插曲；但 1540 年是最后一个伟大的欢乐年。湍急的莱茵河几乎枯竭，你甚至可以步行通过。所以，雷司令葡萄前所未有的成熟度给予了葡萄酒巨大的魅力。（顺便说一下，我们不能确定是雷司令，但是公平地猜测应该是它）。它来自于维尔茨堡施泰因（Würzburger Stein）葡萄园，酒桶冷藏在维尔茨堡（Würzburg）酒窖的采邑主教（Prince-Bishops）宫里。熟练使

用硫磺作为抗氧化剂（1487 年，硫磺添加剂已允许使用在葡萄酒中），并用金融手段筹资建设了一个巨大牢固的庆祝酒桶，只要酒桶里的酒稍有减少，人们便会果断灌满，这意味着我们只有等待一个合适的软木塞和瓶子抵达维尔茨堡。瓶装葡萄酒在巴伐利亚（Bavaria）国王路德维希的酒窖里成为终结，在那里，它未受任何干扰，成熟、冷藏、安静地待了两个多世纪。最后一群幸运的美食家们在伦敦的梅菲尔酒店得以历史性地喝了一小口。只有一瓶酒剩下了，被保存在维尔茨堡地下酒窖里：它就是这瓶施坦因 1540，世界上最古老的酒瓶子。

那么它是什么样子的？休（Hugh）的话是我唯一可以使用的。"像古老的马德拉酒（Madeira），但少了些酸味"。好吧，这就是它的口味。但当你啜饮这世界上最古老的葡萄酒时，不仅仅是关心口味吧。休说："我见过的东西，从没有像它这样让我清醒地认识到，酒确实是一个活生生的有机体。这个棕色的、像似马德里酒的液体，仍然保留着生命的活力，遥想那个夏天的太阳……也许我们用两大口便喝掉了存在了四个多世纪的一种物质，要抢在暴露在空气中之前，否则它就被空气毁掉了，会在我们的玻璃杯中魂飞魄散地变成醋。"

这是剩下的最后一瓶，"Stein-wein"的标签歪斜地贴在瓶颈上

上图：维尔茨堡布尔格斯比特（Würzburg Bürgerspital）地下酒窖，最后一瓶 1540 年的施泰因葡萄酒自 1996 年以来就存放在这里。这只著名的瓶子是亨利·G.西蒙（Henry. G.Simon）送给布尔格斯比特酒窖的。西蒙的德国祖先在 1800 年末通过拍卖获得了它

左图：著名的施泰因葡萄酒（右数第三瓶），连同路德维希国王（King Ludwig）收藏的其他珍宝葡萄酒，在维尔茨堡布尔格斯比特地下酒窖展出

匈牙利的托卡伊葡萄酒产区。13600 英亩[1]的分类葡萄园，在 2002 年被宣布为国家文化遗产

匈牙利人可能是最早使用轻度腐烂的葡萄来酿酒的葡萄种植者。成果就是托卡依，一种浪漫的、自然甘甜的葡萄酒

1. 1 英亩约等于 4047 平方米。

托卡伊甜酒

我一直认为是托卡伊甜酒是因为那华丽的味道而闻名，甚至其传奇的滋补力量使得欧洲人绕着大楼排长队购买。也许不是这样的，但也许有什么东西更加令人兴趣大增。

16 世纪的欧洲是疯狂思想和幻想主张的熔炉。托卡伊大步走进了这个充斥着炼金术和阴谋的世界。一位名叫马尔兹·奥伽莱奥托（Marzio Galeotto）的意大利思想家传播了匈牙利的托卡伊葡萄酒含有黄金的消息。他来到匈牙利访问了托卡伊后，说在塔尔山有含金矿石，葡萄园的土壤里的沙子含有黄金的微粒，所以一些葡萄藤呈现出金色的嫩枝。这使得当时最著名的炼金术士帕拉塞尔苏斯（Paracelsus）来到了托卡伊。可想而知，他未能从葡萄或他们的酒里提取到黄金，虽然他说出了令人困惑的观察发现：阳光"像一条黄金丝线，通过嫩叶和藤根进入到岩石"。所以这让托卡伊和黄金的传说不胫而走，沸腾了很长一段时间。

当然，吸收金片可能对你有好处。这或许可以解释为什么当时托卡伊葡萄酒在权贵人物中如此受欢迎。但我怀疑的原因也很简单——黄金的口感不会是美味、强烈、多汁且甘甜的。

如今在我们的饮食文化中，甜美无处不在。但葡萄酒的黄金不是。任何需求经常号称营养丰富、味道甜蜜的葡萄酒，都是为了迎合富人的需求。有一些证据表明，在匈牙利东部的一个不出名的省份，托卡伊的种植者可能是第一个定期酿造自然甜味葡萄酒的人。酿造一种自然甜味的葡萄酒，仅用过度成熟的葡萄是不够的；它们必须成熟到表皮干皱的程度，或者，在理想的情况下，沾染上一种"贵腐菌"，这种真菌能吸出葡萄的水分，使葡萄酒达到最大程度的浓缩。匈牙利人使用"腐葡萄"（Aszú）一词来形容这种皱缩的脱水葡萄，并说葡萄糖分是经过贵腐菌浓缩的。第一次提到"腐葡萄酒"是在 1571 年的一份房地产交易文件中，它明确地证明腐葡萄已与蜜房玛丽（Mézes Mály）的正常葡萄园隔离开。这至少暗示了托卡伊的生产

者是世界上最先有目的地采摘皱缩的贵腐菌葡萄。德国人直到 1775 年才在莱茵掌握到了人工腐化葡萄的技术。

更常见的传说是关于一个叫兹普斯·拉兹科·梅太（Szepsi Laczkó Máté）的家伙。他在 1630 年因为担心土耳其人的攻击，延误了奥廉穆斯（Oremus）大葡萄园的收获时间。是 1633 年？或者是 1650 年？这就是传说的麻烦，谁知道呢？不管怎么说，土耳其当然是个威胁，仅仅隔着波多克河（Bodrog River）（奇妙的名字）；奥廉穆斯葡萄园是拉科齐王子（Prince Rákóczi）家族的财产，他是当地最杰出的贵族。日期无关紧要，由于波多克河沿岸特殊的气候条件，当地有着温暖的秋天和充满雾气的清晨，这意味着几个世纪以来葡萄每年都大量地腐烂掉。但是当地托卡伊葡萄酒生产商率先开始用腐烂的葡萄酿造出了世界上最伟大的葡萄酒风味之一——自然甜的葡萄酒。

这是一瓶罕见的托卡伊甜酒，大约产于 1680 年，可能是最古老的未开瓶的托卡伊

雪莉酒（萨克酒）

葡萄酒的第一次强化极有可能发生在法国南部的蒙彼利埃（Montpellier），但首先使用强化配方作为日常酿酒技术的区域则可能是西班牙的西南部，尤其是位于瓜达尔基维尔河（Guadalquivir River）河口的区域，在那里酿出的一种葡萄酒，就是现在我们知道的雪莉酒。

强化技术就是往葡萄酒里面添加高酒精度的烈酒，主要是为了阻止细菌的活动，给它的长途旅行增加一些生存力量，以便安全抵达遥远的市场。这在西班牙西南部特别有意义，因为西班牙舰队满载着酒从这里起航驶向美洲的庞大帝国。荷兰和英国酒商从 14 世纪开始变得越来越活跃。英国人在他们的酒里寻找力量，最好也有一点儿甜味。他们的甜酒传统来源一直是地中海东部，那里有各种昂贵的马姆奇（Malmsey）白葡萄酒，但西班牙西南部作为一个贸易伙伴来说就更有意义了。还有一大亮点，这个区域正与西班牙摩尔人（Moorish）相邻，穆斯林摩尔人（Muslim Moors）在蒸馏高度烈酒方面是整个欧洲的专家，可使葡萄酒得到完美的加强。

英国人喝的一种葡萄酒称作萨克酒，通常很甜而且很烈——他们称之为"热辣"。萨克酒来自加那利群岛（Canary Islands），来自马德拉（Madeira），或来自西班牙东南方的马拉加（Malaga），但最受欢迎的萨克酒就是"雪莉萨克（Sherris sack）"，此名取自西南部的酒城赫雷斯德拉芳特拉（Jerez de la Fontera）。这款酒是弗朗西斯·德雷克爵士（Sir Francis Drake）在 1587 年"烧焦了西班牙国王的胡子"后带回来的。萨克酒因莎士比亚笔下的人物福斯塔夫（Falstaff）而名声鹊起，福斯塔夫能一口气喝下一加仑，相信它能产生"出色的智慧"还能"温暖血液"。

因为最好的甜雪莉萨克是由无核葡萄干酿造的，所以它不必被强化。但当萨克酒在伊丽莎白一世（Elizabethan）时代的英格兰成为风尚，味道较淡的样品酒需要经过强化才能通过装运。17 世纪时，雪莉这种强化酒，连带着马德拉酒和波特酒（port），从非常干燥苍白变得非常甜蜜

和深沉。

雪莉酒从开始就一直在时尚圈进进出出。19 世纪时在英国市场上 43% 是雪梨酒，几乎占据了半壁江山。但到了世纪末尾，它的名声被一些土豆制成的假冒雪莉酒毁了。然而，雪莉酒扭转了局势。到了 20 世纪中叶，哈维（Harvey）的布里斯托尔精华雪莉（Bristol Cream Sherry）可能在英国成了最有名的葡萄酒，尽管大多数人每年只在圣诞节才喝一次。但是在那些日子里，无论喝什么葡萄酒，大多数英国人都是一年只能喝一次，而且只是在圣诞节。

莎士比亚笔下的福斯塔夫认为，喝雪莉酒（又名 Sack，有麻袋的意思。译者注）使他具有了无法抗拒的机智，但他的朋友哈尔王子则说他是一个"麻袋大炮，酒囊饭袋"，这个描述可能更准确。我必须说，16 世纪的福斯塔夫拿着的玻璃杯看起来有点儿时髦

在 20 世纪 50 年代我们如果想喝点儿小酒，这个 100 毫升的小酒瓶可能就把我们搞定了。实际上，与此相同的 750 毫升的酒瓶几乎每年都出现。每个圣诞节得到一小瓶，虽好但不过瘾

这是雪莉酒最著名的品牌之一。事实上，当人们世故地说喜欢"干"葡萄酒时，实际是在说他们喜欢一些甜的东西。因为萨克酒通常是甜的，把这种酒叫作"干萨克"意味着折中，这正是对它的准确描述，所以在它的酒标上有一个"干"字

一只 1650 年前后的"长杆与圆球"的酒瓶，用厚厚的深色玻璃制成，典型的科耐姆·迪格比爵士（Sir Kenelm Digby）的玻璃器皿

新"英国玻璃"酒瓶

当人们开始讨论谁发明了香槟时,除了讨论那生气勃勃的液体是如何在瓶中起泡之外,他们还推测酒的名字应是由一位法国人起的,他就是著名的酿酒师、香槟地区的奥特维莱尔大修道院(Hautvillers Abbey)酒窖的主人———唐·培里侬(Dom Pérignon)。

他们通常不认为罗伯特·曼塞尔爵士(Sir Robert Mansell)、约翰·斯库德摩尔勋爵(Lord John Scudamore)、科耐姆·迪格比爵士(Sir Kenelm Digby)或者船长西拉·泰勒(Captain Silas Taylor)是同样重要的。这些名字没有"香槟"的光环。他们的专业技能在很大程度上与苹果汁和梨汁有关,不是葡萄酒。但最重要的是他们参与开发出新型的强健玻璃,法语叫做"verre anglais",没有它你就无法打造出一只兼顾时尚和坚固的酒瓶,它要能承受高达6个大气压力,这些都要体现在一瓶起泡葡萄酒中。

但当初这种玻璃是用于装苹果汁和梨汁的,不是装酒的。然而我们也可以说是法国人促进了这种结实的新型玻璃的研发。1615年,国王詹姆斯一世(King James I)禁止砍伐更多的英国森林当作燃料来烧制玻璃,因为英格兰的树木越来越少了,尤其是优质的英国橡树,他们需要这种木材建造战舰来对抗法国。幸运的是,可替代的燃料已经在英国使用一段时间了:纽卡斯尔(Newcastle)已经以煤而闻名,按照格洛斯特郡(Gloucestershire)的

迪恩森林(Forest of Dean)以前的情况,各种其他燃料诸如山下的煤炭和油页岩都在使用。它们都能比任何木炭提供更高的热量,这就为烧制更多的结实玻璃创造了机会。通常火焰越猛烟尘也越脏,缭绕的烟雾使得玻璃器皿的色彩暗黑,然而这些燃料中的杂质,譬如锰和铁,却使得这些玻璃越发结实。

科耐姆·迪格比爵士在塞汶河(Severn)的纽汉姆(Newnham)有一个玻璃工厂,位于迪恩森林煤田附近,紧挨着生产苹果汁和梨汁的中心地带。有证据表明,早在1632年他就在这里烧制出了一种新型的玻璃瓶,它使果汁业领军人物斯库德摩尔(Scudamore)欣喜若狂,因为后者已经开始试制发泡的苹果汁。他们有时会把苹果汁存放两三年,然后装瓶运到伦敦,这就是常常被赞美的"英国香槟"。迪格比还使用风洞向熔炉内送风,更高的温度使得他的玻璃更坚强。这种新玻璃的颜色发暗,近似于黑色,与威尼斯人制作的灰白但易碎的玻璃相当不同,但更出名。人们无意中发现,这种深色瓶子的遮光的功能极好,能使其中的苹果汁(以及后来的葡萄酒)更好地成熟。

科耐姆·迪格比还在玻璃瓶的形状方面下了功夫。他的新产品是圆形的,瓶身像一个大圆葱,底部凹陷,这样能使它们更加坚实并且站立得更稳。它们还有着一个逐渐变细的长颈,末端有一个明显的颈圈叫作"边缘线",用于固定挂瓶口塞或软木塞的线绳用。这是迈向葡萄酒陈化和储藏的新世界的另一大进步。然而在那时,这个新世界还只是个未来。

这些瓶子制作于1660年左右,上面印有主人的名字,而不是葡萄酒的名称。应是由一个商人或客栈老板将它们清空、清洗和再度使用

克里斯托弗·梅里和起泡葡萄酒的发明

你真的不能到处去说是英国人发明了香槟酒。你能吗？好吧，可能不能。那么你能说是英国人发明了起泡葡萄酒吗？这个问题也很棘手。

葡萄酒当然容易起泡沫，在以前的罗马时代就是这样的，然而也许不是人工刻意造成的。马克·安东尼（Marc Antony）以出售有小气泡（bullulae，拉丁语）的葡萄酒而为人所知。最近从法国西南部的利姆（Limoux）发现了一些证据，早在 1531 年，那里就生产起泡葡萄酒，但可能很少、很简单。因为在寒冷的冬天，他们的瓶装酒不能完全完成发酵。那时的酒瓶脆弱易碎，葡萄酒瓶不能够直接对着嘴唇喝。但我们说的是经过二次发酵，刻意使瓶内的葡萄酒产生气体，所以当你打开瓶塞，二氧化碳重新析出，气体喷出像瀑布般的泡沫。那么，是英国人首先这么做的么？刻意而不是事故？也许是这样的。

英格兰是一个大的葡萄酒市场，成桶的酒会被运送到一个像伦敦这样的港口。通常的葡萄酒在装运前就已完成发酵，但葡萄香槟酒是不同的。香槟（Champagne）地区位于巴黎的东北部，是法国的最寒冷、最北方的酒区。秋天经常气温很低，冬天来得很快。在这种情况下，虽然葡萄酒在酒窖里已开始发酵，但酵母在低温下不能发挥效力，难以完成发酵。通常在冬季末尾，当这些葡萄酒已经被装入木桶运往英国时，仍未完成发酵。最初，葡萄酒是从木桶分装到酒壶，天气回暖后，则会继续发酵。几个晴天之后，你就能在酒馆里喝到起泡葡萄酒了。在 17 世纪，英国不仅研发出美观、坚固的玻璃酒瓶，而且他们也重新发现软木塞可以用作一种高效的瓶塞。现在他们可以将新香槟葡萄酒装入瓶中并尽快运抵英格兰，希望当春天到来时它会在酒瓶里再度发酵，而且它们可能在整个夏天里都会发泡。

但这个过程仍然是偶然的。然而英国有些地方的一些人研究出了如何创建和控制在酒瓶中进行的第二次发酵，他们是赫里福德郡（Hereford）、萨默塞特郡（Somerset）和格洛斯特市（Gloucester）的苹果汁制造商。在 17 世纪中期，他们给瓶装苹果汁加一点儿糖，然后用软木塞塞住瓶口，静置两到三年时间，以培养味道和口感；但最重要的是要一种诱人的"慕斯"（mousse），即通过第二次发酵产生的泡沫。这是所谓的"香槟工艺"。很多伦敦人把这种瓶装发酵苹果汁称为"英国香槟"。克里斯托弗·梅里就是从这些苹果汁制造商那里学会了这种方法。他在 1662 年向伦敦的皇家社团报告了他的发现，比香槟地区的唐·培里侬（Dom Pérignon）掌握酿造发泡葡萄酒早了 30 多年。

不过有一点请注意，梅里没有提到过玻璃瓶，只说了木桶。这不是说这个英国人并不是第一个故意创造出泡沫的，但我们应该为英国西南部各郡（West Country）的苹果汁制造商们鼓掌。苹果汁制造商赛拉斯·泰勒（Silas Taylor）写下的果汁起泡的情景（也可能是葡萄酒起泡），是我最喜欢的描述："把热情快速倾入杯中，散发出闪亮的气泡和齐唰唰的合唱。"真是爱死它了！

这是唯一存世的克里斯多夫·梅里博士（Dr. Christopher Merret）的照片。他于 1662 年 12 月 7 日提交给英国皇家学会的论文，是第一个解释了如何通过第二次发酵使葡萄酒起泡沫的正式印刷材料

在这个瓶颈标签黑色部位，你可以看到"MERRET（梅里）"这个词（在大写字母 SR 的两侧）。里奇维尤（Ridgeview）葡萄酒用"梅里"表示"英国起泡葡萄酒"是以传统方法，或者叫香槟工艺酿造的

els a garland of spolium montanum hung in y vessel; or rub y inside of y vessel with cloves. All these spreserve Rhenish must as y Scholiast on Dodonaeus in Dutch.

Alume put into a hogs bladders keeps wine from turning flat faint or brown, & beaten with y whites of Egs removes it's reddishness.

Flat wines recovered with Spirit of wines raysins & Sugar or Molossey & Sacks by drawing them on fresh lees

Our wine coopers of later times use vast quantities of Suger & Molossey to all sort of wines to make them drink brisk, & sparkling & to give them spirit as also to mend their bad tasts, all which raysins & Cute & stum performe.

梅里的手迹，里面第一次提及"起泡"葡萄酒。请参见本手稿的最后一段

郝布里昂（Haut-Brion）有不同形状的瓶子，以区别于其他波尔多一级酒庄。它由美国庄园主克拉伦斯·狄龙（Clarence Dillon）重新设计，并在 1960 年首次用于 1958 年出产的年份酒。这只酒瓶的形状与 18 世纪的波尔多葡萄酒使用的酒瓶非常相似

郝布里昂酒庄（侯贝酒庄）

也许 17 世纪庄园主阿诺・德・彭塔克（Amaud de Pontac）留下的最大遗产就是他预见了未来：波尔多的红酒将成为奢侈品以及富人身份的象征。

如今，波尔多的酒庄以荒谬的价格出售他们的葡萄酒，但是当德・彭塔克（de Pontac）出现后，就没有任何庄园值得一提了，并且不管哪个酒庄酿的酒，也从此不再出现自己的名称了，它们被卖给波尔多的商人，这些商人把各家的葡萄酒一股脑儿混合起来再出售，而且用木桶储存装船出口。这些葡萄酒所用的唯一名称就由波尔多商人或进口商指定。

仅仅是这样的情况还不会使德・彭塔克满意。至 1525 年，他的家族已经获得了波尔多南部郝布里昂（Haut-Brion）的不动产。那里的土地被描述为"白色的沙子混合着一个小砾石，谁都认为自己不承担任何责任"。也许一个世纪以来确实彼此相安无事，贫瘠的土地照常生长着最好的葡萄。然而德・彭塔克发达了，其身份部分是商人，但主要还是国会议员。然而法国的大部分的权力通常掌握在城市和各省区的贵族化的庄园主或者贵族阶级手里，退伍军人则以他们的功绩致富。在 17 世纪的

波尔多，最有权势的群体是律师和政治家。阿诺・彭塔克的权势则是你所能想象到的强大——国会议长。但是他既未得到尊敬也没为他的郝布里昂葡萄酒卖出好价格。没有记录显示他是否雇用了更好的葡萄园工人、是否选择了更好的葡萄品种、是否收获了更多成熟的果实，或给予了他的酒厂更多的关心。但他认为他的酒在那苍白贫瘠的地盘上是很特别的，因为他非常简单地决定为其投入大量的资金，收购产品的价格高过市场价，没有人敢这样做葡萄酒的混合。他还以自己地产的名字作为酒的名字，这在波尔多还是第一次出现。

塞缪尔・佩皮斯（Samuel Pepys）是现代品酒记录的先驱，他在 1663 年写道："喝了一种叫作奥布莱恩（Ho Bryan）的法国葡萄酒，它有一种极特别的好味道，我从没遇到过这样的酒。"它就是彭塔克的郝布里昂红酒。佩皮斯为此的花费至少是一壶克拉雷葡萄酒的三倍。

彭塔克开始着手做大事了。他在梅多克（Médoc）还有一些财产，都有他的彭塔克标记，而且也都以远高于市场的价格售出。事实证明他在梅多克是很重要的。荷兰已经在 17 世纪早期清理了梅多克的沼泽，贫瘠的土地里裸露着大量的河卵石，就像在郝布里昂那样。50 年来，佩皮斯为郝布里昂争得的第一个荣誉，是在伦敦拍卖会上提供了拉菲、玛戈尔、拉图等诸多红酒的名字。将要主宰波尔多的伟大的葡萄酒等级制度在 19 世纪由精明的波尔多国会议员们建立了，作为乡绅的他们，在梅多克以及一切的他们的势力能够达到的地方，敏捷地抢占那些刚刚完成清理的、过去的沼泽地。

塞缪尔・佩皮斯是一个热情的葡萄酒徒。他也常常戒酒，但是不会坚持太久。你可以在剑桥大学麦克达林学院阅读到他的日记原件和关于"噢、布莱恩"的品鉴报告

马德拉酒和新世界

要理解为什么一个远在非洲海岸的小岛上的葡萄酒竟然闻名世界,你需要看一幅老地图,最好是来自那个帆船航海时代的地图。

马德拉(Madeira)群岛位于摩洛哥(Moroccan)海岸。如果你是一个与令人振奋的西印度群岛和北美新市场(West Indies or North America)打交道的英国商人,你不能只是简单地从伦敦起航直接向西,盼着去获得最好的东西。大不列颠群岛(British Isles)的主风向来自西部和西南地区,你必须正面迎着它,没有它你无法跨越大西洋。所以你得向南转,越过法国、西班牙和葡萄牙,进入非洲水域,等待东北风鼓起你风帆的那一刻,你需要充满活力地快速穿过大西洋。如此变化的海风出现在马德拉的孤岛附近400英里的大海上。从那里,你可以向西南穿过西印度群岛,或者向西穿过美国南部、萨凡纳(Savannah)和查尔斯顿(Charleston)那些大港口。

葡萄牙人在1420年将一个无人居住的岛屿开辟为殖民地,种植糖类植物和葡萄。在16世纪后期,他们的清爽酸口葡萄酒已经找到一个现成的市场并占领。因为几乎所有驶向大西洋彼岸或者印度的船只都要在马德拉岛补充淡水和给养,尤其是大桶的酒,将白兰地添加到葡萄酒木桶里使其能适应长期的海上航行。但船长开始注意到葡萄酒发生了一个非凡的转换,当酒桶滚装上船,葡萄酒的颜色变得更深,当然味道也更加成熟丰满。它们那令人不安的酸度竟然变成了一种备受欢迎的酸爽,这就是马德拉酒的特点,而且还有点儿甜。以"老东印度(Old East India)"之名出售的马德拉酒的获利,几倍于原先马德拉酒的价格。

有四种主要类型的马德拉酒,得名于四个不同的葡萄品种:最轻最干的舍西亚尔(Sercial)葡萄;再者是浓郁甜蜜的华帝露(Verdelho);然后是色深密实的布阿尔(Bual);最后是深沉烟熏味的、丰满迷人的、无与伦比的马姆奇(Malmsey)。一般来说,口味越重的酒在混乱的印度军队中越受欢迎,在寒冷的北欧也是同样。但真正的马德拉酒鉴赏家是美国人,尤其是那些在1660年以前就建立的宏大的老城,例如南方州的萨凡纳(Savannah)和查尔斯顿(Charleston);直到南北战争(Civil War)爆发以及《禁酒令》(Prohibition)的颁布,才结束了这慵懒的旧时代快乐。作为世界上最伟大的马德拉酒鉴赏家,他们喜欢更清爽的风格。他们甚至能从不同的酒桶中分辨出来是由哪条船运到的美洲。葡萄酒与船名相连而不是与味道相连,通过航海日志可以很容易查出该船此行运载了多少桶葡萄酒,盲品酒师则能猜出某种酒是哪条船的。有趣的是,葡萄酒不是在抵达美国后装瓶的,它们先被吸入5加仑的大坛子中,只在要喝时才装入酒瓶。而这些坛子不是贮存在阴暗潮湿的地窖,而是放在温暖的阁楼里,并在强烈的阳光下继续葡萄酒的醇化。19世纪初期最著名的萨凡纳商人威廉·哈伯山姆(William Habersham)竟在"他的舞厅上面"建造了一个日光晒酒室来烤他的葡萄酒。

萨凡纳酒商有一个特点,他们把清爽柔和的马德拉酒称为"雨水"。据说因为一些华帝露的酒桶敞着盖被放在海滩上,一夜的雨水稍微稀释了葡萄酒。然而,它们却受到美国人的喜爱,并且要求提供更多"柔和如雨水"的酒。船长欣喜若狂。如果没有下雨,还有很多其他的方式往酒桶里添加"雨水"。于是他定期地运载RWM——雨水马德拉酒(Rainwater Madeira)。根据账目显示,酒里混合的重要部分是AP——纯净淡水(agua pura)。真是精明到家的商人!

左上图：一款苍白的"软如雨水"马德拉风格的酒，在美国南部很受葡萄酒爱好者们的欢迎

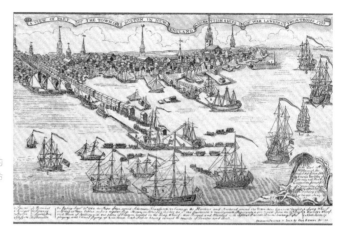

右上图：1768 年的波士顿港。英国当局在这年没收马德拉的货物事件是引发美国走上革命道路的一步

没有理由认为这些瓶子太老旧了，它们让马德拉酒看起来坚不可摧

这是一批 18 世纪和 19 世纪用于开启葡萄酒瓶软木塞的工具，轻便且高效。在大多数情况下，工具越简单越好

1681年
软木塞开瓶器

当然，如果你想打开一个酒瓶的软木塞，不必非要用螺旋锥，这取决于你想怎样"打开"。如果你有一副新夹具，可以很整齐地把酒瓶的颈部去掉；或者如果你有一把骑兵军刀，经过适当的练习，也可以轻松准确地削掉酒瓶的顶部。所有这些也许可以解释为什么螺旋锥成为开启酒瓶软木塞的首选工具。

软木塞用于密封酒容器至少可回溯到古希腊时期，一个叫塞杜留斯·斯科特（Sedulius Scottus）的爱尔兰小伙子在9世纪制作了他的"软木塞铁螺旋锥"，但直到17世纪以后，我们才第一次听说这玩意儿，当初人们叫它"开瓶锥"。那时，瓶子被用于存储酒和苹果汁，有个盖就可以，所以它不是专用工具。最初的瓶子有一个圆肚子，没有打算用来肩并肩地贮存，锥形的软木塞只有一半可以塞入瓶口，你可以用一个爪形工具或钳子拔出软木塞。第一次用"铁蠕虫"拔出软木塞的报道是在1681年。这些"铁蠕虫"在20世纪的大部分时间里被用于取出枪膛里卡壳的子弹和填塞物。有人试过将武器配件用到和平酒瓶上吗？

到了18世纪40年代，直身酒瓶成为葡萄酒容器的常规形状，并且研发出在酒窖中将酒瓶横置以便陈化的格子架。此时的软木塞就被全部压入瓶颈了，能方便发力地拔出它们的螺旋锥就变得至关重要。

早期的开瓶器是便携式的，锥头部位有一个护鞘，它还可以兼做把手使用。或者设计成弯弓形状，可以把螺旋锥头折叠到弓身里面。最初的螺旋锥头很短，仅有一个半螺纹，到了18世纪螺纹就加长了。然而便携式的开瓶器依然受欢迎，更可靠结实的版本开始出现，特别是那种橡木桶附带的，供你从酒瓶的顶部钻入然后拔出软木塞。

进入19世纪后，开瓶器又有了进一步的细化，体现出伟大的机械化简单处理理念。大多数的改进是为了减少在对付顽固的软木塞上花费的气力。英国发明家查尔斯·赫尔（Charles Hull）在19世纪60年代设计出了一款"酒吧开瓶器"——把那些面目狰狞的螺旋锥固定在柜台上，只要迅速地向下一拉，软木塞便被拔出来了。还有各种类似六角手风琴的"懒钳"出现，用这些工具拔出软木塞更加轻松。1882年，"服务员的朋友"（Waiter's Friend）发明问世。这是现在最广泛使用的螺旋开瓶器，它使用杠杆原理来拔出软木塞，而不是依靠蛮力。在20世纪70年代，又发明出"拉钻"（Screwpull），它有一个软塑料的酒瓶夹头和高质量的聚四氯乙烯钻头。我还没见到其他什么东西能比它还好用。当然还有一种不用动手的压缩空气工具，菲利斯阿姨（Aunt Phyllis）给我的，用它向瓶内压入空气后软木塞便自动跳出来。它确实节省气力，但是却减少我自己打开瓶盖的那种乐趣，而且我不知道何时瓶中的酒会喷到我的脸上。

它是"服务员的朋友"。无论我走到哪里都要随身带着一个。机场的X光机曾使我一次航行就失去了三个

1685年
康士坦提亚葡萄酒

荷兰东印度公司（East India Company）驻好望角（Cape of Good Hope）的首席代表让·范·里贝克（Jan van Riebeeck）有一句广为人知的话。他在1659年写道："今天，赞美属于上帝，海角（Cape）葡萄第一次因葡萄酒短缺。"

"只有三种葡萄藤结出了成熟的果实"，他写道，它们是"法国人的麝香（Muscadel）葡萄"。这是好望角首任总督西蒙·范·德·斯戴尔（Simon van der Stel）于1685年在开普敦半岛的桌山（Table Mountain）斜坡上开辟的康士坦提亚葡萄园。他移植了原先范·里贝克（van Riebeeck）栽种的葡萄，法国麝香葡萄（French Muscat），被称为"芳蒂娜（Frontignan）"，它在麝香葡萄家族（Muscat family）中是最好的、最香的。康士坦提亚葡萄酒在欧洲受到了20年的追捧。新殖民地开始向旧世界运回成船的葡萄酒。这第一次灿烂是短暂的，但直到18世纪末尾，康士坦提亚是地球人都知道的最好的葡萄酒。

这是某些人的说法，但却是真实的。当时最受追捧的两种酒是匈牙利托卡伊（Hungarian Tokaji）葡萄酒和康士坦提亚葡萄酒。普鲁士国王腓特烈大帝（Frederick the Great of Prussia）、俄国沙皇和大不列颠君主们都爱喝康士坦提亚，但是都没有拿破仑（Napoleon）那般疯狂。当拿破仑被流放到圣赫勒拿（St. Helena）时，他一个月要喝掉30瓶。波德莱尔（Baudelaire）也热衷于它，但更热衷于他情人的红唇。他承认只有情人的红嘴唇能超越酒的甘美，"甚至比康士坦提亚酒更加甜美……我喜欢你的口里的不老金丹，它柔缓地跳着爱的舞蹈"。

在旧瓶基础上设计的现代酒瓶。酒也同样，越接近于原始越好

关于这个话题我们先聊到这里吧。然而，对康士坦提亚也有不好的品尝记录，还不止一个，但幸运的是，在诺森伯兰郡公爵（Duke of Northumberland）的酒窖里还发现了对1791年和1809年的康士坦提亚酒的大量原始品酒记录。一些葡萄酒爱好者在20世纪70年代和80年代品尝过它们之后，一致称赞它们超凡的新鲜度，类似柑橘的酸混合着陈年马德拉酒的奇异烟熏味。这可能是现在业已绝迹的葡萄园的世界级葡萄酒的少许幸存。原先的大康士坦提亚葡萄庄园（Constantia Estate）已经被分割得四分五裂，有"小康士坦提亚"（little Constantia）之称的克莱因康士坦提亚（Klein Constantia）仍然种植葡萄，并被杜吉·朱斯特（Duggie Jooste）于1980年买下，这个家伙决心恢复失传已久的康士坦提亚葡萄酒。朱斯特起初计划要发掘出康士坦提亚葡萄酒的所有原味。它当然是一种甜葡萄酒，红色白色的都有。但它既不勾兑白兰地，也不用贵腐菌葡萄。相反，这里的葡萄栽培者们砍掉了一半的农作物，去掉了包围着果实的所有树叶，将葡萄藤捆在一起用木条加以固定，使葡萄暴露在阳光下逐渐枯萎。然后用它们发酵出汁，直到酵母消逝，然后装入大橡木桶内贮存四年，这样，在装船离港时葡萄酒已经有几乎双倍的甜度。当然，朱斯特使用的原料几乎都是康士坦提亚葡萄园原产的芳蒂娜麝香葡萄（Muscat de Frontignan）来酿酒。这种葡萄酒在1986年上市时叫作康斯坦萨葡萄酒（Vin de Constance），一种非常罕见的古老的葡萄酒风格从死里复活。南非前总统纳尔逊·曼德拉（Nelson Mandela）在1990年被释放时曾经举起了一杯康士坦提亚葡萄酒庆祝他的出狱，犹如庆贺这种酒的完美复活。

康士坦提亚葡萄酒的陈化能力是一个传奇。这瓶 1883 年的酒应该说保存得还是不错的，不知是否有人想分享它

康士坦提亚（Constantia）是海角（Cape）真正美丽的角落，可以理解那些想要购置地产、修建葡萄园的贵族为何会如此追捧这里

Le Petit Journal

ADMINISTRATION
61, RUE LAFAYETTE, 61

Les manuscrits ne sont pas rendus

On s'abonne sans frais
dans tous les bureaux de poste

5 CENT.   SUPPLÉMENT ILLUSTRÉ   5 CENT.

25me Année   —44—   Numéro 1.230

DIMANCHE 14 JUIN 1914

ABONNEMENTS

	SIX MOIS	UN AN
SEINE et SEINE-ET-OISE..	2 fr.	3 fr. 50
DÉPARTEMENTS...........	2 fr.	4 fr. »
ÉTRANGER	2 50	5 fr. »

UN BICENTENAIRE

Il y a exactement deux cents ans que Dom Pérignon, moine bénédictin de Hautvillers,
découvrit l'art de faire mousser le vin de Champagne

唐老兄的想法虽好，但完全是个幻想。唐·培里依把他职业生涯的大部分时间都投入到研究如何保持香槟的泡沫不灭，而非创造泡沫

唐 · 培里侬

你读过的关于香槟之王唐·培里侬的每一个故事都与他的实际作为有少许的视角偏差。但有一件事是肯定的，他并没有发明香槟酒。事实上，他的大部分职业生涯花费在试图保持他的葡萄酒泡沫不灭。

在马恩河谷（Valley of the Marne）和兰斯山（Mountain of Reims）周围，至少从公元 5 世纪起就建立了葡萄园。可能是因为它们距离巴黎很近，就位于马恩河畔西侧，它们便有了很大的名气。在 17 世纪路易十四（Louis XIV）统治的时候，它们是法国最著名的一些葡萄园。

但那里的葡萄酒却没有耀眼的光芒，至少没有人们所期待的那样。因此国王不喜欢它们。一般来说，用黑皮诺（Pinot Noir）葡萄酿制的酒应该具有浅粉色。当没有阳光的时候，葡萄酒呈现为苍白、寡淡、味酸，而且从木桶里舀出时起泡很沉闷。在香槟地区每三年中会有两年是这种情况。

发生这种情况的原因是法国北部的秋天往往气温很低。可能酒开始发酵了，但随后酒窖里的寒冷使得发酵停止，直到温暖的春天的再次开始，于是就产生了这种寡淡毛糙、略带粉红、带有泡沫的葡萄酒，没有人想要喝它们，尤其是守旧的路易十四王宫。

1668 年，唐·培里侬（Dom Pérignon）被任命为埃佩尔奈（Épernay）郊外奥特韦勒大修道院（Abbey of Hautvillers）的酒窖管理员。修道院的葡萄酒已经是众所周知，唐·培里侬就是奉命改变它们的那个人，而且他改变了香槟地区所有的葡萄酒。他最初的两个任务是要找到一种方法，把这个地区用红葡萄酿的酒变成清澈透明的无色酒，有可能的话，也把酒变成深红色。他承认酿出高质量红酒的机会并不是年年都有，只有使用黑皮诺老葡萄藤结出的熟透的黑色的果实才行。通过去除掉一些不成熟的葡萄串，把葡萄皮浸软和发酵，他果真造出了适当的红色。他还了解到在每一个葡萄采摘期，不同的地区和不同的葡萄园会产出不同品质的葡萄酒。香槟现在是一种著名的"混合"葡萄酒，通过长期研究香槟地区葡萄园的气候情况，以及那些年长、无病害且有活力的葡萄藤及其收获期的成熟度，每年唐·培里侬都可以生产一批特酿葡萄酒，或者混合酒之类的好东西。当然，他似乎具有极其出色的味蕾。

但是香槟酒的泡沫怎么样了呢？到了 17 世纪末期，起泡酒成为了流行，所以，凭借着他的良好判断力，他不得不努力在奥特韦勒（Hautvillers）把酿酒完美化。由于法国的玻璃太脆弱，无法应对酒瓶内的气压，于是他在1690 年代引进了坚固的"英国玻璃"酒瓶，以及使用软木塞封口的工艺，这在法国许多世纪后都没有采用。唐·培里侬明白，如果你想要葡萄酒保持可预见的、细腻的泡沫，就需要一个足够低温的地下室让酒瓶得到休息。所以他在修道院后面较软的白垩岩丘陵上挖了几个洞穴。幸运的是，香槟地区有大量的白垩岩石，现在所有最棒的香槟酒窖都在白垩岩石洞穴中。

唐·培里侬香槟王，为纪念这位修道士和他的成就而出品，现在是世界上最著名的奢侈品级香槟

1716年
康帝葡萄酒

康帝（又译基安蒂），作为一个红葡萄酒品牌，它用了很长的时间努力打造和自我定义，但是直到20世纪末才获得功名。

鉴于我们所说的康帝是指位于西耶纳（Siena）和佛罗伦萨（Florence）之间的整个地区，你也许会认为它因其葡萄酒而迅速地闻名天下。然而在中世纪和文艺复兴（Renaissance）时期，以及往后的时期里，当地强大而复杂的贵族和商人则希望喝到奢侈体面的葡萄酒，不仅自己喝，若有必要也可做贸易。也许佛罗伦萨人（Florentines）和西耶纳人（Sienese）之间的冲突阻止了宏伟的葡萄园项目在这些有争议的山坡上的发展，因为尽管在13世纪成立了康帝北方联盟党（Lega del Chianti），但他们只关心保护财产，而不是致力于发展和推广本地的葡萄酒。实际上"康帝"（Chianti）这个词第一次被用作葡萄酒品名，是在14世纪结束之后，它被描述为一种白葡萄酒。

无独有偶，那里恰巧还有红色的康帝葡萄酒，但康帝葡萄酒在文艺复兴时期出口到伦敦时被称为韦尔米利奥酒（Vino Vermiglio），或者干脆简称"佛罗伦萨"，但是似乎没有人喜欢它。也许是因为那款著名的康帝葡萄酒瓶已经定型，出口的酒瓶不是用软木塞，而是使用棉布和橄榄油封口，然后装进箱子。我认为这样肯定不会获得成功。

令人惊喜的是梅第奇（Medicis）为它做了些事情。1716年，柯西莫·德·梅第奇（Cosimo de Medici）发布了一项法令，界定了康帝（Chianti）、宝米诺（Pomino）、卡米纳诺（Carmignano）以及迪索普拉（Val d'Arno di Sopra）的地域范围。宝米诺和卡米纳诺依然存在，迪索普拉则成为康帝考里费奥伦提尼（Chianti Colli Fiorentini）的一部分，但最重要的是，那些原始的康帝葡萄园都聚集在今天称为古典康帝（Chianti Classico）的中心地带。

但这似乎仍然不能使康帝葡萄酒成为特别受欢迎的饮料。也许是由于这样的事实：大部分的土地属于佃农，这些佃农将自己一半的土地给了庄园主换取收益分成，而不是由自己去勤勉耕种。当贝蒂诺·里卡索利男爵（Baron Bettino Ricasoli）致力于经营他在卡斯泰洛迪布罗里奥（Castello di Brolio）的财产时，情况才有了好转。男爵的配方直到今天被许多现代酿酒师视为古典康帝的混合经典——桑娇维塞（Sangiovese）和卡耐奥罗（Canaiolo），这两个品种使得它成为值得收藏的红葡萄酒，早期酒徒喝的酒是由两种黑葡萄加上莫瓦西亚（Malvasia）白葡萄酿造。然而他也并没有专心于酿酒。1848年爆发了革命（Year of Revolution）。最终革命浪潮推动意大利于1871年实现了国家统一，倾力投身革命的里卡索利男爵成为意大利第二位总理。一直到了1872年，他才把他的康帝葡萄酒配方投入运用。

但是那个独特的酒瓶，在托斯卡纳人（Tuscan）看来，不能被外国人视为品质的象征。尽管这蒜头状的玻璃酒瓶早在12世纪就开始吹制，但那时的玻璃薄且易碎，这就是为什么在15世纪使用稻草来保护它的底部的原因，而这种包装成为康帝葡萄酒的标志，一直使用到20世纪结束。然而在托斯卡纳酒界也有一场文艺复兴风潮，蒜头状酒瓶遭到蔑视，稻草保护层也成了街头巷尾饮食店的玩笑谈资，而非某种特色风味或个性十足的红酒。现在你可能会在一些老人的家里找到几个瓶子，但它们已被当作蜡烛台使用。

里卡索利男爵（Baron Ricasoli）看上去不像一个幽默的人，他实际上同时缔造了现代意大利和康帝红葡萄酒，这一丰功伟绩并不令人惊讶

啊，这瓶酒勾起了一些回忆：昏暗的饮食店，意大利番茄牛肉面，一次你自我感觉良好的约会。光阴似箭

如今古典康帝已是一款相当庄重的红酒，但是它的特色酒瓶却让它看起来像是通常去野餐时的便携酒

无论这种酒的过去如何，康帝葡萄园一直都是意大利最诱人的地方

一瓶罕见的 1727 年的鲁迪斯海玛使徒葡萄酒（Rüdesheimer Apostelwein），取自不来梅市政厅地下室的"母亲桶"内

鲁迪斯海玛使徒葡萄酒

我不是一个爱忌妒的家伙，但每当看到迈克尔·布罗德本特（Michael Broadbent）的品酒记录时，我确实有点儿刺痛感。他已经醉倒在古老而伟大的葡萄酒中。我说的古老不仅仅是 20 或 30 年的美酒，对于年份陈酒我有我的标准，我说的是 50 年、100 年、200 年、256 年、314 年。对于迈克尔，这是他一天内喝到的酒，他是这个世界上最伟大的古代葡萄酒专家。

现在相当多的陈年瓶装酒都是德国的。虽然德国酒并没想到会在今天成为长跑胜利者。如果我们将几个希腊和罗马的非凡奇葩排除在外的话，德国酒可能是最初的原产酒。当然若论年代，希腊和罗马的陈年酒还是值得夸赞的。可能原因之一就是因为德国是雷司令（Riesling）葡萄酒的故乡，这种酒有丰富的酸性物质，实际上在高温易腐的年份里，酸性物质是葡萄酒防腐最好的自然抗氧化剂。所以，尽管酒瓶和软木塞的出现帮助人们防止葡萄酒在几个月内变成醋，而早在此之前，德国人就已经发现了其最好的葡萄酒肯定需要长期保质。但是装在什么类型的容器呢？德国多数财产是被富裕的贵族或历史悠久的修道院所拥有。拥有优质陈年葡萄酒几乎被当作是一种骄傲，那么为它建造一个尽可能大的储酒桶对于这些有钱人来说极为必要且易如反掌。

木桶越大，酒接触到的空气就越少，也就氧化得越慢，品质就保持得越好。酸性物质和硫磺的使用就是雷司令葡萄酒的深度抗氧化剂。至少从 1487 年起，德国人就一直使用硫磺，这种方法可以保持葡萄酒品质几十年不变。托马斯·杰斐逊（Thomas Jefferson）曾经在 18 世纪 80 年代参观过莱茵河，在他下榻的酒店里，所有的桶装酒都是 1726 年以前的。现在，这些葡萄酒并不都是同一年份的。德国人用一种叫做"索雷拉"（solera）的灌装系统来补足大桶里的陈年酒，就像他们现在在西班牙赫雷斯（Jerez）的酒窖里保存雪莉酒那样。还有一个地方仍存有一大批巨大的木桶，那就是不来梅市（City of Bremen）的"市政厅地下室"（Ratskeller），它曾经是一个巨大的葡萄酒交易中心。那里藏有 1653 年的葡萄酒，但最著名的葡萄酒是 1727 年的鲁迪斯海玛使徒葡萄酒（Rudesheimer Apostelwein）。迈克尔·布罗德本特喝这种酒醉了六次。他说此酒喝起来感觉仿佛是在内陆地区古雪莉和马德拉之间漂浮穿越。我一如既往地坚信，迈克尔就是一代宗师。我相信他。

在不来梅市政厅（Bremer Ratskeller）地下室餐厅内排列着带有大幅绘画图案的 17、18 世纪的葡萄酒桶。自从 1405 年市政厅建造以来葡萄酒就一直存储在这个酒窖内

18世纪40年代
密封软木塞

没有多少东西能完美地适用于玻璃酒瓶口的密封，因为如果没有一些高效稳妥的方法隔绝空气，瓶内的葡萄酒就无法实现理想的陈化。

至少有 2000 年了，在一种合适的葡萄酒瓶被发明出来之前，人们偶尔试图陈化葡萄酒，因为人们确实了解到葡萄酒暴露在空气里会残酷地加速向醋的转化。希腊人和罗马人知道软木并偶尔用它做酒瓶封口，但通常使用一层油膜或者沥青或者石膏来隔离空气。

如果一个罐子或早期的瓶子需要一个塞子，它可能只是一块扭结的衣料，可能是一团纸或抹布，可能是皮革，也许覆盖上密封火漆。17 世纪，当唐·培里侬在处理保存香槟泡沫时，通常是用油浸泡过的麻裹上一块木头。有一件事是肯定的：它们无法做到完全密封。

然而，是罗马人和希腊人偶然发现了这种完美的密封。软木橡树在地中海沿岸的许多地方都有生长，密集种植在葡萄牙南部和西班牙西南部。这是一种了不起的树，即使剥掉它的皮它也不会死，它只是简单地又长出一层新树皮，

一种独特的、轻柔灵活且有弹性的木质纤维。你可以把软木压缩成为它自然状态的一半大小，当它被释放出来弹回原状，好像什么都没有发生一样。树皮的微观结构是由非常细小、紧密、有 14 条边的细胞构成，这种细胞非常有弹性，能严密隔绝液体和气体，通常没有异味。如果你拿一张软木树皮，先将其干燥后再经蒸煮消毒，然后裁出一个圆柱体，你就得到了一个完美瓶塞的初级品。再用一台简单的手工压塞机器把软木塞楔入瓶口，它会立即扩大，毫不费力地填满瓶口空间，从而阻止酒液泄漏和空气侵入。

好像是英国人"重新发现"了软木可完美地用作瓶塞。当然软木塞这个词在 16 世纪首次被提到时，正是在英格兰而不是别的地方。那是在莎士比亚 1599 年的剧本《皆大欢喜》（*As You Like It*）中，罗莎琳德（Rosalind）有这样一句话："求你从你的口中拔出软木塞。"此后不久，詹姆斯一世（James I）于 1615 年禁止砍伐森林用作玻璃熔炉的燃料。这使得煤炭发展成为一种比木头更高效的燃料，从而创造出了深色的高强度瓶子，被称为"英国玻璃"，也许是第一个可以实际应用于贮存和陈化葡萄酒的玻璃瓶子，同时这个瓶子绝对需要一个能与之匹配的瓶塞。但即使这样，软木塞也可能仅作为临时的瓶塞。只有当 1740 年代开始使用模具批量生产酒瓶时，这种密封的软木塞才正式登台。软木塞等待了 2000 年，公平地说，美酒也同样等待了 2000 年。

林业工人砍伐树木制作软木塞。
这种工艺至今变化不大

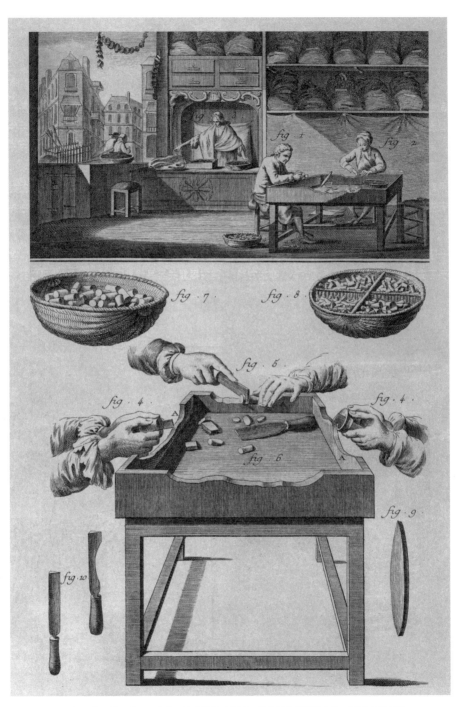

通过贸易换取的工具，正在将一张软橡树皮制成一批高效能酒瓶软木塞。看起来不太困
难。这些插图来自 1751 年和 1772 年之间法国出版的一部百科全书

早期直身酒瓶的进化：左边的是 18 世纪 60 年代的瓶子，右边的是 19 世纪初期的。标签上表示的是所有者的名称，而不是酒的名称

18世纪40年代
现代葡萄酒瓶

坚固、沉重、深色的英国玻璃（verre anglais）的发明，由燃煤熔炉取代木头为燃料来烧制，是葡萄酒的一个巨大进步。

具有弹性、能灵活地挤进瓶颈从而产生密封效果的软木瓶塞的重新发现，是葡萄酒业的另一个飞跃。然而软木塞长期干燥后会失去密封性能。将酒瓶横置使软木塞保持潮湿就解决了这个问题。但是，17世纪那种圆滚滚的、洋葱型的酒瓶就难以让它们躺倒放置了。

实事求是地说，它与17世纪没有很大的关系，那时人们喝的是新鲜葡萄酒，酒瓶的主要用处就是把葡萄酒从酒馆的大木桶里盛出放到桌上。酒瓶一旦喝空，就被收回重新填充。酒馆的常客都有他们自己专用的酒瓶，由吹瓶技师专门定制，瓶身上的玻璃标签显示主人的名字、缩写或纹章标识；酒瓶没有法定的规格，全凭奇思妙想和个人喜好决定。即使是新发明的"香槟"，也只需要把泡沫保持足够长的时间即可，这里的"足够长的时间"指的是几个月，而不是几年。但是在很久以前的罗马时代，人们有时需要把葡萄酒久置陈化，德国的施派尔博物馆（Speyer Museum）收藏了一只4世纪使用软木塞的罗马酒瓶标本。更值得注意的是，这只古老的瓶子形状是直身，所以它能够横放，便于陈化。

软木塞的使用以及横置葡萄酒瓶使其陈化的愿望和做法，似乎随着罗马帝国的倒塌消失了。但在18世纪初，酿酒技术有了长足进步，静置葡萄酒的陈化做法变得越来越普遍。酒瓶形状开始变得又瘦又高，尤其是英国人的鉴赏力远远领先于欧洲其他地区。对波特酒和波尔多这两种类型的葡萄酒需求越来越大。那时，波特酒是主要的风格，它占据了18世纪英国酒类消费量的四分之三。最初的喝法很生猛，直接从大木桶中舀酒出来。但新鉴赏家们买酒论"管"——即一种能装大约600瓶葡萄酒的大木桶，然后装瓶放入他们的酒窖里贮存。他们很快就意识到这个久置陈化的过程能使烈酒变得柔和。波尔多红酒是另一种最流行的风格，特别是在苏格兰，很明显，陈化的葡萄酒再一次变得更成熟、更加令人愉快。

有人做了许多实验，把球根状的酒瓶横放在铺满沙子的平台上；玻璃制造商由此发现市场需要更细、更直的酒瓶。在18世纪中期，他们研发出可靠的模具来制作酒瓶。同时，乡村住宅地下室都配备了"酒柜箱"，放在地窖或者拱顶侧面，其空间能够让300瓶葡萄酒横置叠放陈化，只要瓶身是直边的即可。到了该世纪末，它们便非常接近现代酒瓶的形状了，就像今天在波尔图市（Oporto）看到的波特酒瓶和波尔多酒瓶。

瓶子的发展可以表现为从单纯的盛酒容器（从大木桶中取酒放到餐桌上），再到现代的修长直边瓶身（适合陈化和横置）的过程

1714　　1725　　1741　　1768　　1780　　1793

醒酒器

自从最早的酒时代开始，各种各样的水壶就被用来在餐桌上盛酒。如果葡萄酒被存储在一个山羊皮囊、双耳瓶、大盆或者小桶中，你需要把酒液转入小容器内，以方便取用。自罗马时期起，这些盆盆罐罐改用玻璃制作了。所以酒壶成为了必备的酒具。

从 17 世纪末开始，特别是在 18 世纪，当更多的葡萄酒使用玻璃瓶和软木塞以便陈化时，戏剧性的变化开始发生了。特别是在 18 世纪 40 年代，当直身模制瓶变得普遍时，酒壶就失去了其作为一个简单的葡萄酒分配器的作用，而成为餐桌上的一件华丽奢靡的装饰。其设计变得不那么像酒壶了，17 世纪中常见的瓶颈把手不见了，除非刻意保持"复古"风格的葡萄酒壶。"酒壶"一词现在一般被"醒酒器"所替代。

尽管醒酒器越来越具装饰性，但自 18 世纪以来，它依然具有很多的实用性，尤其是对于那些英国人偏爱的酒——波尔多和波特葡萄酒。这些葡萄酒现在酿造得越发深沉浓厚，它们的陈化能力也越来越浓。然而，随着它们陈化时间的增加，把酒中的沉淀物从酒瓶里滗析出来，将

清澈的酒体倒入醒酒器，就成为了必要的程序。同时也需要让葡萄酒通过接触空气而软化和苏醒。18 世纪之前，形状不规则的瓶子和漏气的瓶塞使得葡萄酒无法隔离空气而遭到损害，加速了酒变成醋的恶性循环。现在，随着优质酒瓶和可靠的软木

塞的使用，使葡萄酒在贮存中隔绝了空气，得到了妥善的保护。这样当把波尔多和波特红酒倒入醒酒器一两个小时后，其口感和味道会得到明显的提升。因此，大多数的醒酒器的容量就被设计成 1 公升，所以一瓶 750 毫升的酒可以在其中充分地氧化。

自 16 世纪以来，威尼斯玻璃控制了玻璃工业，尤其是慕拉诺岛（Murano）制作了大量绝妙的玻璃器皿，令那些能买得起这种闪闪发光新型材料的人激动不已。然而，到了 17 世纪 70 年代，英格兰的乔治·罗文斯克罗夫特（George Ravenscroft）才首次引入这种制作方法，大大促进了美观又坚固的玻璃器皿的创作，功能性和时尚性兼顾，醒酒器就是最好的例子。

备受喜爱的醒酒器形状改变了整个 18 世纪。维多利亚时代（Victorians）创造了美丽的椭圆形和梨形酒具，但可能仅用来装饰他们生活的一角。现代酒具看上去更加朴素简约，但是当看到优质的红酒或白葡萄酒装在一只古典"长颈球"醒酒器中，是一顿轻松愉悦的聚餐中所独有的一份宁静的快乐。顺便说一下，克雷特酒壶（Claret jugs）还在设计和使用，尤其是高尔夫球手，优秀的高尔夫球手，因为克雷特酒壶的式样被选为高尔夫球公开赛（Open Golf Championship）的奖杯。2014 年，爱尔兰人麦克·罗伊（Rory McIlroy）赢得了冠军奖杯，兴奋的他立即往这庄重的奖杯里灌满了德国野格酒（Jägermeister）作为庆贺。

一只 19 世纪 70 年代的雕花"复古"风格葡萄酒壶。雕花不能遮蔽其形状的朴素之美

一只 16 世纪 70 年代末的美丽的乔治·罗文斯克罗夫特玻璃水瓶标本。这是古典"长颈球"形状，但是风格过于奢靡

彭波侯爵（Marquês de Pombal）是这片土地的主宰者。他是 18 世纪下半叶葡萄牙最有权势的人

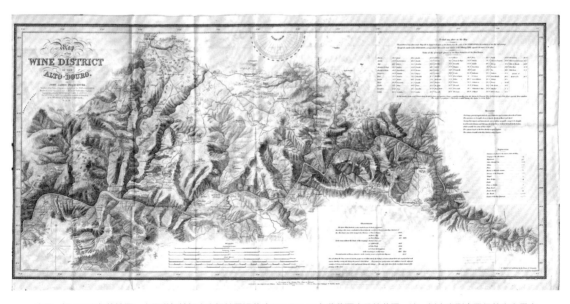

这是一幅 1853 年的地图，上面详细地标出奥拓杜罗河谷（Alto Douro）葡萄酒产区的范围。这一划定直到今天仍然意义重大

杜罗河谷的界定

感谢当时的地震让人们第一次以法律划定葡萄酒区域、第一款以产地作为品名以及第一次坚定地执行法律，而不是仅仅止于口头和建议。这一天翻地覆的举动建成了一个区域性的葡萄庄园。

1755 年，欧洲有史以来最强烈的地震之一冲击了葡萄牙首都里斯本（Lisbon），造成四万人丧生。国家陷入混乱，弱主乱象，迫切需要指引和领导。可以肯定，它得到了。这个国家的首席部长名叫塞巴斯蒂昂·迪·卡法略（Sebastião de Carvalho），也就是后来的彭波侯爵（Marquês de Pombal）。他在葡萄牙各地迅速建立了垄断的政府权力，控制着全国的一切活动，但永久改变了葡萄酒世界的一个举动就是他创立了 Real Companhia das Vinhas do Alto Douro——杜罗河葡萄酒公司（Douro Wine Company），而且它很快便闻名于世。

让我们稍稍回到过去一点儿。1703 年，英国与葡萄牙签署了《梅休因条约》（Methuen Treaty），对葡萄牙产的葡萄酒降低关税。在此之前，英国已经在波尔图（Oporto）建立了众多的航运公司，服务于纽芬兰（Newfoundland）的鳕鱼三角贸易 [干鳕鱼 (bacalhau) 是葡萄牙的国菜，原因不清楚]、英格兰布匹以及葡萄牙的红酒。事实上，英国商人是一个强大的帮伙，可能在波尔图本地颇受憎恨，但他们很少冒险沿着杜罗河上溯找出其葡萄酒（在波尔图逐渐被称为"波特酒"）的真实来源。进入 18 世纪对于所有人都是一个好开端——来自杜罗河上游（Upper Douro）的葡萄酒质量相当好，葡萄种植者和发货人都发了大财。但真正的杜罗河葡萄酒无法满足不断上升的需求，而且供应商越来越贪婪，从 1700 年到 1750 年，供应商向种植者报出的采购价，使每桶酒下降了 90%。为了让商家保持市场供应，掺假便成为家常便饭，不仅掺入葡萄牙北部各地的杂牌酒，还有西班牙的各种劣质酒——他们称之为"阉牛血液"（bullock's blood）；葡萄干酒或廉价的麦芽烈酒支撑着数量。但最臭名昭著的是使用干辣椒和接骨木果（elderberries）来为越发死气沉沉的酿酒业提供热力和增加酒的颜色。

所以在 1756 年的彭波侯爵有两个目标。第一，先从主要的英国商人手中夺回权力，第二，恢复杜罗河上游的葡萄牙种植者们的自尊和金融安全。他的新杜罗河葡萄酒公司控制着所有港口的装运，甚至那些英国公司只能在通过了这个公司的"品尝"后才能继续经营。他下令把所有的接骨木树连根拔掉，每一个葡萄园都需注册登记。最重要的是，他指定的葡萄园建在片岩土壤地里，这些黑色、松软的岩土夹在大片的花岗岩之间，仿佛是专为生产迪菲特利雅（vinho de feitoria）葡萄酒（专供出口的优质葡萄酒）而生的。他保证高价收购这些葡萄，当然是相对于只能用于酿造拉莫（ramo）酒的葡萄的价格，拉莫酒只适合国内消费和出口到巴西。最好的葡萄园使用花岗岩石柱作为葡萄藤架，直到今天还有几处被保留了下来。250 多年后，这些片岩土地被认为是波特酒生产核心，并且第一次以法律形式划定了葡萄园区，而且提供证明以确保落实到位。

一艘简练优美的巴可拉白罗船（barco rabelo），在杜罗河被水坝截流之前，它沿河奔波运输葡萄酒

约翰山城堡庄园与晚采葡萄酒

无论怎么排位，甜葡萄酒都会被认为是该地区的最大的成就，你会发现关于它的许多传奇：关于延迟、误解、围攻，等等，所有这些事情都耽误了葡萄的采摘，直到它们腐烂在园中。

一位庄园经理收拾起这些乱七八糟、令人生厌的烂葡萄，他原先料想自己会因为毁了一年的收成而被送上绞架；然而，他就像变魔术一样，竟然用这些烂葡萄酿出了美味无比的葡萄酒，他因此成了一位英雄。法国、奥地利和匈牙利也有这些故事。德国的故事则是发生在莱茵高地区，在约翰山城堡庄园那19英里长的雷司令葡萄园的南坡上，它是欧洲最大的葡萄园之一。

在 1775 年之前，莱茵高地区就已经有了甜葡萄酒，但成为传奇则是在 1775 年。所以我们就按此来说。这一地区早在 8 世纪被查理曼大帝（Charlemagne）选中，在公元 850 年就已经众所周知了。然后本笃修道会（Benedictines）来到此地，把莱茵高地区建设成为一个伟大的葡萄酒生产地。于 1648 年结束的"三十年战争"（Thirty Years' War）造成了德国的混乱，葡萄园都处于腐烂的状态中。1716 年，富尔达（Fulda）的采邑主教（Prince-Bishop）买下了约翰山修道院并且开始恢复其产业，他以一己之力建造出了一座壮观的宫殿，或者叫作城堡。

让我们看看 1775 年。当时富尔达距离约翰山需骑马走七天。因此，葡萄园经理向富尔达发去一封快信，要求允许采摘那些葡萄。我不知道发出的快信是否到达了富尔达，但在 14 天之内肯定不会有回信。当信使最后回到葡萄园时，看到了那

令人遗憾的一幕，葡萄都枯萎腐烂了，而其他邻近庄园早就完成了收成。但无论如何，他们摘下了这些葡萄，并不抱什么希望地开始酿葡萄酒。然而，当在次年 2 月最后停止发酵时，产出的酒竟然醇厚甘甜！简直可以说是华丽无比！"晚收获"的概念——德语叫作 Spätlese（晚采酒）——从此产生。换句话说，你推迟收获让葡萄完全成熟并继续生长直至过度成熟，如果天气允许，让贵腐菌造出最甜的葡萄汁。这与当时的酿酒师们的观点完全相反。葡萄只有在坏年景时才被留挂在葡萄树上，希望它们可能最终成熟；如果未能成熟的话，便取消该年的年份酒。当在好年景阳光充足时，则早些采摘。在 1727 年和 1728 年的优质年份葡萄酒中，约翰山城堡庄园的葡萄采摘得较早，是在 9 月 25 日和 10 月 4 日。人们很高兴这么早就收获到健康的好葡萄，但没有想到把葡萄留在阳光明媚的秋天竟会酿出更好的酒。

正是这款 1775 年的约翰山城堡庄园的雷司令葡萄酒，使得德国制定了葡萄酒法律，其中规定了葡萄酒的质量品级由收获时的葡萄含糖量决定。但到了近代，葡萄酒里还有多少甜蜜存留呢？

这是富尔达（Fulda）教区的采邑主教（Prince-Bishop）。"采邑主教"这个概念，以我看来是与现代政教分离背道而驰的，更不必说安守清贫的誓言

这是雄伟壮丽的约翰山城堡庄园（Schloss Johannis-
berg），高居于葡萄园顶，俯瞰着莱茵河，在 8 世纪它是查
理曼大帝（Charlemagne）的居所

这是原始晚熟型雷司令白葡萄酒的一个现代版
本，这款酒具有挥之不去的甜味

这三个经典酒瓶形状是现代酒瓶的典型模范：圣埃米里翁的圆柱波尔多形，默尔索的斜坡勃艮第形，以及奥地利雷司令的优雅德式形状

酒瓶造型

在过去几千年的大部分时间里，相关知识的匮乏和制瓶工匠的技能严重制约着酒瓶形状。腓尼基人、叙利亚人以及埃及人早就使用了玻璃，但只有罗马人变成了制造玻璃容器的权威专家。

但他们使用的基本方法使得他们在瓶子成型时无法拥有太多项选择，以德国南部施派尔博物馆（Speyer Museum）的 4 世纪藏品来判断，看来罗马人确实掌握了直身酒瓶的制作方法。

一般来说，酒瓶的用途相当于酒壶或醒酒器，倒满酒摆上桌，差不多转眼就空空如也。随着罗马帝国的衰落，玻璃制造技术没有任何发展，直到伟大的威尼斯玻璃工厂在 16 世纪崛起。特别是慕拉诺（Murano）的产品令欧洲激动，但威尼斯的玻璃容器依然是用于侍酒而不是储存葡萄酒。因为威尼斯人的创造性技能之一是令人难以置信的玻璃吹制，成品虽然美丽，但是脆弱。1630 年代"英国玻璃"的发明拉开了酒瓶造型的大幕。最初的需求来自榨果汁者和香槟进口商，他们想要的是一年四季都能喝到起泡酒。各种酒瓶的形状显示，他们对于长期贮存不感兴趣，他们从美丽的"长颈球"样式开始，制造圆胖胖的腹部和长长的瓶颈，整体外观越来越像蒜头和洋葱。在 18 世纪时，它们戏剧般地瘦了下来，像似一根棒球棍。到了 18 世纪 40 年代则出现了更多的圆柱形，类似现代酒瓶，直身高肩。

这些瓶子被商人或客户个人越来越多地用于横置存储。但装瓶工作是由进口商完成的。19 世纪形成了不同产地的葡萄酒使用不同且固定的的酒瓶造型的风气；酒瓶的形状成为鉴别葡萄酒的产地和不同风格的重要工具。最主要的代表有圆柱高肩的波尔多酒瓶，溜肩的勃艮第酒瓶以及瘦长的德国式酒瓶。一般来说，在葡萄酒新世界（New World）里，原料基于波尔多葡萄酿的酒使用波尔多酒瓶，基于勃艮第和罗纳河葡萄酿的酒则使用勃艮第酒瓶，原料为诸如雷司令或杰乌兹特拉明纳（Gewürztraminer）等日耳曼（Germanic）地区的葡萄酿的酒则使用德国式酒瓶。

当然还有其他形状的瓶子被某些葡萄酒采用，但不是简单的模仿复制。这些包括法国汝拉山脉（Jura's Vin Jaune）的 620 毫升"卡法兰"（Clavelin）葡萄酒，500 毫升的托卡伊甜酒（Tokaji）以及南非的康斯坦萨葡萄酒。但总的来说，前三种主要的瓶子造型是市场的主导，有时做一些细微的变化。香槟酒瓶也是勃艮第形状，但更厚一些，沙多娜帕普教皇红酒（Châteauneuf-du-Pape）使用的勃艮第酒瓶上端有浮雕花纹。西班牙的里奥哈（Rioja）葡萄酒则大多采用波尔多酒瓶，也有少量的勃艮第酒瓶，意大利的托斯卡纳（Tuscany）也是同样，然而德国的皮德蒙特（Piedmont）更愿意使用勃艮第酒瓶。这已经成为业界的定式。

玻璃的颜色也很重要，因为它能够保护葡萄酒免受紫外线的伤害。例如黑玻璃用于波特年份酒就是最好的，但是你会看不到酒的颜色，所以有一些妥协也属平常。波尔多酒瓶通常是深绿色的，但苏特恩白葡萄酒（Sauternes）和一些甜酒则用的是透明玻璃。勃艮第白葡萄酒瓶是暗淡的橄榄绿色玻璃，因此被人叫做"枯叶"。德国莱茵白葡萄酒瓶通常是棕色的玻璃，雪莉酒也一样；然而德国摩泽尔（Mosel）葡萄酒瓶和法国阿尔萨斯（Alsace）葡萄酒瓶通常是一个高高瘦瘦的的绿色圆管。另类者如"蜜桃红"（Mateus Rosé）酒瓶和德国"大肚瓶"（Bocksbeutel），实际上则是基于古老的传统形状，一如稻草包裹的康帝红酒长颈瓶。

1801年

沙普塔尔的"加糖法"

在我的葡萄酒生涯中很早就知道杰恩 - 安托万·沙普塔尔[1]（Jean-Antoine Chaptal）这个名字。"呸！酒里掺糖了。"专家们尖叫了，因为面前放的是一瓶寡淡且酒精度很高的葡萄酒，令人吃惊的是竟然醒目地贴着勃艮第的酒标。

或者可以坦白地说，那种用劣质葡萄酿造的葡萄酒，表面醇美甘甜，然而其酸度会严重威胁你的牙齿和牙龈。

这种现象是因为葡萄酒里加了糖。也就是说，在葡萄汁发酵之前，有成堆的糖掺入其中，这会大大增加酒的酒精度。因为含有酒精的饮料口感柔滑，从而使得这种葡萄酒质地犹如糖浆般圆润美妙，比葡萄原汁本身所能达到的效果要好。但掺糖不能增加风味，因为在发酵过程中糖分都被消耗掉了，而酒底中留下的简直就是可恶的育肥杀手和肉毒杆菌素。

这导致了沙普塔尔的名声极大地下降，这是不公平的。他的初衷并不是要往葡萄酒里掺糖以提高酒精度。自1700年以来，当甘蔗在欧洲大量种植，科学家发现甘蔗的甜度与成熟度有正向关系，导致人们开始滥用甘蔗。事情是这样的，作为拿破仑的内政部长，沙普塔尔知道法国葡萄园的糟糕状态，管理粗放、天气恶劣、生产过剩和大革命的发生都对葡萄园产生了破坏作用。他也知道保持葡萄酒的供应对于法国的重要性，但是，大多数的葡萄酒味道却像是醋。最为关键的是，他是一位化学家。他确信，如果酿酒师们能够懂得葡萄酒里的化学过程、发酵的规律、气候的影响、土壤情况和葡萄种植知识等等；他们就可以运用这些知识解释和控制酿酒过程，那么法国葡萄糟糕的酒质量就会得到改善。

另一个稳定供应葡萄酒的方法，是使葡萄酒具备一个合理的酒精含量，不仅会让葡萄酒味道更好，而且让人感到神清气爽；还有一个更重要的作用，就是能使葡萄酒在数周或者数月中不会变质成醋，这也是在运输和市场交易中最大的挑战之一。而在葡萄汁发酵之前添加糖，就是沙普塔尔能想到的较好地保质保供应的一个步骤。不幸的是，大多数葡萄种植者，尤其是在法国的，将此方法用作一种合法化的过度生产，而且轻视质量。如今，"加糖法"仍在使用，但是通常仅限于当气候恶劣致使葡萄种植遭殃时才会使用。

沙普塔尔的"加糖法"是 19 世纪最重要的科学成果之一

1. 沙普塔尔：莎普塔尔有"加糖"的含义。

45　CHAPTAL

沙普塔尔的出名，主要因为在发酵中加糖以提高酒精度；然而他在葡萄酒行业中是一个非常有影响的实力派科学家

这种法国南部的葡萄酒使用了沙普塔尔的名字，但这里的葡萄园，虽然阳光明媚，却是需要人工"加糖法"来帮助提高酒精度的最后一片产地

左边的林德曼（Lindeman）酒瓶，现在只是梅洛（Merlot）葡萄酒的大容量混合器，这种葡萄直到林德曼博士（Dr. Lindeman）来到澳大利亚很长时间后才出现。而右边的奔富（Penfold）酒瓶，装的则是上好的用古代西拉子葡萄酿的酒，种植地则是巴罗莎（Barossa）的原产地之———卡里姆那葡萄园（Kalimna Vineyard）

医生和日耳曼人

澳大利亚的水土一定有一些奇特东西。因为世界上没有其他国家能像澳大利亚这样，出现过这么多决心改变葡萄酒世界的医生。在当代，有古丽媂（Cullity）医生、帕奈尔（Parnell）医生和古仑（Cullen）医生，他们于20世纪60年代在西澳洲建立了玛格丽特河（Margaret River）葡萄酒产区。马克斯·雷克（Max Lake）医生坚定地认为是他在这一时期，以一己之力实质上复活了新南威尔士（New South Wales）的猎人谷（Hunter Valley）。

但医生们真正的影响要回溯到澳大利亚葡萄酒产业的初始。亨利·林德曼（Henry Lindeman）和克里斯托弗·彭福尔德（Christopher Penfold）作为内科医生来到了澳大利亚，但最终却创建了两个澳大利亚最著名的葡萄酒公司。林德曼医生于1841年定居在猎人谷；彭福尔德医生于1844年定居在南澳大利亚的阿德莱德（Adelaide）。如果你查看下这两个老葡萄酒公司的年报，还会发现另外一些医生也涉足了葡萄酒业。例如安格弗（Angove），他们的名字都与他们的葡萄酒公司名称连在一起。林德曼从1843年开始，用了整整两年时间在卡瓦拉（Cawarra）建立他的葡萄园；而彭福尔德实际上从欧洲上船时就随身带来了葡萄植株，并且他在玛戈尔庄园（Magill Estate）建立医疗站的同时，也开辟了一个葡萄种植园。

他们的动机非常相似。他们来到一个艰苦、粗暴和酗酒的地方，朗姆酒（Rum）需求旺盛，甚至可以作为一种货币使用。他们知道酒不仅有很多的药用性，几乎可以弥补很多复杂药品的高度匮乏。但是他们也相信美国总统托马斯·杰斐逊（Thomas Jefferson）的言论："没有哪个国家因为那里的葡萄酒便宜而醉倒……事实上，葡萄酒是威士忌之害的唯一的解毒剂"，在他们的环境中，解毒剂应是朗姆酒。澳大利亚花了一个多世纪成为一个葡萄酒的国家，啤酒生产于朗姆酒之后，成为国民之饮。就在那个时期，建于1840年代的林德曼葡萄园和彭福尔德葡萄园转变成了澳大利亚两个最著名的葡萄酒公司：林德曼葡萄酒公司，奔富葡萄酒公司。

与此同时，如同医生们纷纷建立他们的葡萄园一样，另一群移民也对澳大利亚的新型酒文化留下了同样不可磨灭的印记。1842年，三艘来自德国西里西亚（Silesian）的船抵达了南澳大利亚；从普鲁士王国（King of Prussia）淫威下逃离的宗教难民，来到了传说中宗教自由的地方，还有可供他们开垦的土地，并且在其周围能创建家园和社区，而且天气比西里西亚（Silesia）更好。第一个家庭定居在巴罗莎山谷（Barossa Valley）一个叫做伯达尼（Bethany）的地方，位于阿德莱德（Adelaide）北部，然后立即开始栽种葡萄园。时至今日，在巴罗莎的大部分佝偻着身躯的沧桑老葡萄园丁都是第一批定居者的直系后代，巴罗莎看上去似乎也像是一条德国的时间隧道。许多古老的葡萄藤仍然存在，因为南澳大利亚从来没有遭到葡萄根瘤蚜虫的攻击，古老的西拉子葡萄藤现在依然在生产着一些世界上最珍贵的红酒。

是我的，或者是他的，眼睛里闪着光吗？这是中年时期的林德曼博士。请注意，他在他的胡须中间留下了一个缺口，便于葡萄酒杯接触嘴

1843年
巴罗洛葡萄酒

在过去 100 年的大部分时间里，巴罗洛葡萄酒一直被作为意大利的领军葡萄酒谈论。布鲁内罗迪蒙塔尔奇诺（Brunello di Montalcino，目前很时髦的意大利酒）偶尔会抨击一下它，然而其他葡萄酒可以比作布鲁内罗（Brunello），却没有什么葡萄酒能够比作巴罗洛（Barolo）。

一旦你把两杯酒放在一起，就会想说巴罗洛葡萄酒就像是勃艮第葡萄酒的创始者。它们都是颜色光亮，越来越集中于单一葡萄园生产和供应的葡萄酒，而且它们都很贵，但它们不是一样的酒。它们的气味不同，味道不同；巴罗洛葡萄酒的特点是带有单宁的涩爽感，也与勃艮第葡萄酒不同。

所以它是一种古老的酒吗？不完全是。它是一个现代的发明，虽然意大利内比奥罗（Nebbiolo）葡萄肯定早在 13 世纪就有了。有些人认为老普林尼（Pliny the Elder）曾经描写过它，而另一些人则认为它的 DNA 线程一直回溯到数千年前的格鲁吉亚古老葡萄酒。如果是这样，它不能完全准确地继续其骄傲的血统谱系，因为一位 19 世纪的政治家曾经执迷于努力改善它的质量。这位政治家的名字叫加富尔（Cavour），一位伟大的爱国者，他引导了意大利的统一（Italian Unification）大潮。有趣的是，他并不信服内比奥罗葡萄。他种植了 12 英亩的黑皮诺葡萄，看看能否有点儿像他曾经在都灵（Turin）萨瓦（Savoy）法院吃到的勃艮第葡萄的味道。可惜，他未能如愿。

这是一个关键点。与大多数意大利人不同，他曾经尝到过上好的法国葡萄酒，所以知道当地的意大利酿酒厂在制作的许多方面需要改进。他很幸运，有另一个当地的庄园主，巴罗洛公爵夫人（Marchesa di Barolo），也在渴望改变。当她还是一个法国姑娘时就喜欢法国葡萄酒。她回到家后，发现巴罗洛葡萄酒酸中有甜还经常起泡。一点儿都不像勃艮第或波尔多，也一点儿都不像今天的巴罗洛葡萄酒。

天才之举来自加富尔，他聘请了一位法国酿酒师来找出解决问题的办法，这位在香槟地区颇负盛名的酿酒师名叫路易·欧达特（Louis Oudart），对于波尔多红酒有着高度热情。公爵夫人在 1843 年也曾聘请过他。欧达特发现在巴罗洛地区内比奥罗葡萄的种植量很大，它的成熟期在 10 月底甚至 11 月，然后它被采摘并堆放在卫生条件很差的地窖里。在那里发酵的状况很不稳定，通常会发生因冰冻而使糖分发酵中止的情况。于是就产生了这种又酸又甜且口感粗糙的浅红色酒体。欧达特采取削减产量的办法，确保及时采摘成熟葡萄并妥善地存入地窖；他购置新设备，加热发酵区，以便生产出口味淳厚

芳妃酒庄（Fontanafredda）的巴罗洛葡萄酒在很长一段时间内是最著名的标签。他们的基地是一个古老的皇家狩猎小屋

巴罗洛葡萄酒之名来自于巴罗洛公爵夫人，她于 1843 年开启了该地区的现代化

均衡的干红葡萄酒。他心目中的红酒就是波尔多。我相信他的葡萄酒一点儿都不像波尔多，而是他自己的风味，他的知识技术使得他酿出了现在意大利最伟大的红酒。酒中之王，王中之酒，人们叫它巴罗洛（Barolo）葡萄酒。萨瓦国王卡罗·阿尔贝托（King Carlo Alberto of Savoy）喜欢公爵夫人的新酒，他一年中每天都要订购一桶（当然不包括大斋期）。意大利统一后的首任国王维克托·伊马诺尔（King Victor Emmanuel）也同样热衷于这种酒。他们都开辟了养殖巴罗洛葡萄种植园，这为其成为意大利最好的红酒提供了一个好开端。

从拉莫拉（La Morra）村寨远眺巴罗洛村寨，它们都是红酒中味道上好的优秀生产商。曲折蜿蜒、起伏不断的独特地貌，产生了葡萄酒各自迥然不同的口味

现在我们喝的莱茵（Rhine）葡萄酒相当年轻，但在 18 世纪，任何年份的酒都受到相当大的尊重并可用于典当；因为高酸度的它比大多数的葡萄酒都能更好地贮存陈化。至于它在醒酒器中能够持续多长时间是另一回事

1845年
霍克葡萄酒

如果你想知道霍克（hock）这个对于大多数德国葡萄酒来说是通用术语的名词来自何处，那么我告诉你，它一定源自霍海姆（Hochheim）村，几个世纪以来，那里一直是德国莱茵高（Rheingau）地区优质葡萄酒的一个重要生产地。

但是何时，又是为什么霍克能成为德国葡萄酒的统称？总之，在中世纪你更有可能理解莱茵这个名字。但这并不意味着葡萄酒本身来自莱茵河畔。葡萄酒往往是由其出口地点的名字命名的，或者在这种情况下，莱茵河是欧洲北部的一条主要交通动脉。大量的葡萄酒从德国其他地区运送到莱茵河上的许多港口，也有从欧洲其他地方运来的酒，用平底驳船载入莱茵河口，然后转运到各个市场，货物标记就简单地写上"莱茵河的"（Rhenish）。在18世纪期间，随着莱茵高地区的庄园彻底改变了他们的葡萄园和酿酒方法，德国的葡萄酒越来越精致，"霍克"（hock）这个词就逐渐取代了"莱茵河的"（Rhenish）。在17世纪，一个英国剧作家在其作品中，描写在一个晴朗上午搭便车的故事里使用了"最好的老霍克"一词。17世纪末，"老布朗霍克"在英格兰出售，有时它被注明"加糖"，这意味着它是酸饮料，需要另外增加甜味。

霍海姆（Hochheim）实际上是一个座落在莱茵河边的村庄，距离西部城市美因茨（Mainz）附近的河流仅有一两英里。但它一直被认为是莱茵高地区的一部分，而且当初可能被认为是该地区最好的地方。霍海姆通常种植的酿酒葡萄糖

这是维多利亚女王（Queen Victoria）的希尔（Hill）葡萄酒。其拥有者还在继续沿用着先女王陛下的大名

分含量在莱茵高地区是最高的，而且这里的葡萄酸度极佳，因为它们是雷司令品种。在18世纪中，霍海姆成为第一个生产100%雷司令的德国葡萄酒村。当约翰山城堡酒庄决定100%生产雷司令时，他们从霍海姆的邻村福洛斯海姆（Flörsheim）移植来葡萄藤。所以发货人有理由称他们的酒为霍海姆雷司令白葡萄酒，这样能卖出更高的价格；后来英国人把这个名字错说成霍克摩尔（hockamore），后来又简化为霍克（hock）。

当维多利亚女王（Queen Victoria）在1837年登上王位时，霍克已确立了自己的地位。1845年，女王由她心爱的德国丈夫阿尔伯特（Albert）陪同，来到霍海姆一处葡萄园里野餐。葡萄园主请示是否他可以将此地称为"Hochheimer Königin Victoria Berg"（维多利亚女王之山），女王允许了。在后来的50年中，德国葡萄酒的声誉在英国飙升。在同一时间，越来越多的英国中产阶级把霍克酒作为最喜欢的饮料，特别是当它受到维多利亚女王的青睐之后。顶级德国葡萄酒的价格通常高于勃艮第和波尔多。例如，伦敦有一家经营多年的酒行，名叫贝瑞兄弟和红眼鱼（Berry Brothers & Rudd），它拥有一份1896年的货单，里面显示两种霍克酒，露蒂丝海玛（Rudesheimer）以及1862年的马可布内（Marcobrunn，34年窖存！），售价为200先令（16美元）一打。最昂贵的是著名的波尔多拉菲酒庄1870，售价为144先令（11美元）一打。这是多么大的差异啊！两次世界大战使得德国和英国的密切关系遭到破坏，这些国家的葡萄酒行业赖以盈利的环境丧失。现在霍克则变成了一个通常只能在超市货架上看到的最便宜的德国自有品牌酒。

19世纪中叶
大规格酒瓶

18 世纪的酗酒通常被认为是杜松子酒的过错。霍加斯（Hogarth）在 1751 年出版的《杜松子酒巷》（Gin Lane）中描绘了在杜松子酒的消费重压下，一个社会瓦解的图景。

我不认为喝酒的人总是一副自命不凡的嘴脸。那是每天喝 4、5 瓶甚至 6 瓶酒的男人的表现。塞缪尔·约翰逊博士（Dr. Samuel Johnson）的酒量是 3 瓶以下，博斯韦尔（Boswell）的叔叔能喝 5 瓶波尔多红酒，一个叫做米顿（Mytton）的家伙说他每天要喝 4 到 6 瓶波特酒，一个名叫比森（Bisson）的法国将军在晚餐时竟然喝了 8 瓶葡萄酒。天呐！是每天都喝呀！这简直让我们难以理解这种人的器官功能，如此豪饮，他们居然还能活着。我想 18 世纪的酒瓶比现在的要小得多。但是，牛津大学阿什莫林博物馆（Ashmolean Museum）收藏了各种规格的葡萄酒瓶，看看那些从 1660 至 1817 年间的酒瓶，典型的葡萄酒瓶比今天的 750 毫升瓶子还大，有时要大出 25%。我不知道他们的海量是如何达到的。

历史上，人们对啤酒和葡萄酒器皿曾经有过多次标准化的尝试，部分原因是为了使收税更方便，同时也是为了防止人们被欺骗。从手工生产的方法来看，一些尺寸达到了令人难以置信的精确。例如，中世纪的威尼斯（Medieval Venice）规定一只双耳罐应容纳 518.5 升葡萄酒。然而在托斯卡纳（Tuscany），他们开始使用大木桶，一只佛罗伦萨（Florence）桶是 45.5 升，比萨（Pisa）桶则是 68 升。在相对较近的时期，法国不同的葡萄酒产区也有不同大小的酒桶，现在几乎每个法国酿酒师都在使用 225 升的波尔多（Bordeaux）桶。

至于酒瓶，按照欧盟（EU）标准化的规定，葡萄酒瓶的各种规格应是 250 毫升的倍数，正常的瓶子是 750 毫升。据说有一个 100 毫升的尺寸是被允许的，但我很高兴地说我从没见过它。换句话说，到处可见的一夸特酒等于 187.5 毫升。一夸特的香槟酒瓶被称为短笛（Piccolo），这是有道理的，毕竟是一个小家伙嘛。一个 250 毫升的波尔多酒瓶是一个高底鞋（Chopine），如果你管半瓶酒叫菲利特[1]（Fillette），你可能会得到一个困惑的表情，虽然这是个不错的名字。大规格酒瓶的事情变得越来越有趣。在英国我们惯于使用英制品脱（Imperial pints）为单位，但是它们不是公制，所以它们消失了。如果你对陈化年份酒感兴趣，你应知道一瓶马格南（Magnum）等于两瓶酒，它通常被认为是陈化葡萄酒最好的尺寸。

后来事情变得越发复杂。波尔多有一种 3 瓶容量的规格 [叫作玛丽 - 珍妮（Marie-Jeanne）]，4 瓶容量的双马格南，以及 6 瓶容量的耶罗波安（Jeroboam）。但香槟和勃艮第把 4 瓶容量的酒瓶称作耶罗波安（Jeroboam），6 瓶容量的称作雷霍波安（Rehoboam）。这还没完，波尔多对 8 瓶容量的帝国瓶（Imperial）展开了反击战，而香槟和勃艮第则称他们的 8 瓶容量为玛士撒拉（Methuselah）。它现在变得越发经典化。勃艮第（Burgundy）和香槟（Champagne）则做了一只 12 瓶容量的塞尔姆纳撒（Salmanazar）大酒瓶，但波尔多却丝毫不理会它。他们都有一款 16 瓶容量的大酒瓶，叫做巴萨泽（Balthazar）；20 瓶的叫做尼布甲尼撒（Nebuchadnezzar），24 瓶容量的叫作梅尔基奥（Melchior），以及某人某地据说有一款 34 瓶容量的，叫做元首（Sovereign）。在理论上，8 瓶容量与波尔多瓶一致，大多数其他的巨型瓶则是香槟酒屋的促销技巧。应该记住，如果有人给你一个硕大的香槟酒瓶，或是任何一个超过马格南的大酒瓶，它都是要用小酒瓶来灌满的。这样对于味道无益。

至于为什么用这些圣经人物的名字，似乎没有人真正知道。玛士撒拉（Methuselah）是诺亚（Noah）的爸爸，他活到 969 岁；尼布甲尼撒（Nebuchadnezzar）建造了巴比伦空中花园（Hanging Gardens of Babylon）之后疯了，只吃草。这些并不能帮助我们做出解答，不是吗？

1. 菲利特：法语 "Fillette" 的音译，原词意为 "小女孩"。

香槟酒瓶的各种规格，从 1 夸特到 20 瓶容量的尼布甲尼撒大酒瓶。据推测还有两个更大的型号——梅尔基奥酒瓶和元首酒瓶。4 瓶容量的耶罗波安酒瓶可以追溯到 1725 年，但是这些大规格的酒瓶是出现在疯狂促销的 19 世纪头十年或 20 世纪 20 年代的爵士时代（Jazz Age）

一排壮观的波尔多红酒。收藏家们花大价钱购买大规格酒瓶，但用于窖存陈化的最佳规格可能是 1.5 升酒瓶，即两瓶容量的马格南酒瓶

波尔多葡萄酒分类

这个问题无关于葡萄酒的味道如何，但关系到葡萄酒能卖出什么价格。当拿破仑热罗姆[1]（Napoléon-Jérôme）王子负责筹备 1855 年巴黎博览会（Universal Exposition）时，他决定在开幕式表演中展示波尔多的葡萄酒，显然他想用最好的酒给来访的政要留下深刻印象。

现在，你可能认为在波尔多的葡萄酒贸易中，会有一个口味的综合标准用以评判哪些葡萄酒是最好的。但波尔多的工作机制不是这样的。波尔多始终与金钱密切相连，名气和声誉都建立在贸易和现款之上。拿破仑王子（Prince Napoléon）想要办一个展会，并对最好的葡萄酒进行分类；恰好波尔多酒商们已经将自 17 世纪以来该地区的波尔多红酒做了非正式的分类，手上的余热尚存。波尔多葡萄酒的发展基础是贸易，当地人当然需要一些喝的东西，吉伦特（Gironde）河口从罗马时代起就是欧洲最繁忙的天然港口之一，买卖交易在波尔多地区占统治地位。从 1154 年到 1453 年，波尔多属于英国，葡萄酒是其最重要的商品。荷兰也踊跃地做着波尔多葡萄酒的交易，因此显然需要建立一些区别葡萄酒等级的制度，因为优质葡萄酒一般要比其他普通酒的成本高。这就是这个等级制度的由来。第一等级出现在 1647 年，受荷兰商人的影响，苏特恩（Sauternes）甜白葡萄酒位于顶端，因为它们的卖价最高。在 17 世纪的剩余时间里，波尔多南部格拉夫（Graves）地区的红酒地位越来越高，侯贝酒庄（Château Haut-Brion）率先以自己的名字售卖葡萄酒。同时，在波尔多北部的梅多克（Médoc）则有巨大的葡萄酒产业扩张，因为该市的新暴发户们也发现了许多表层的沙土，这种土壤与格拉夫土壤类似，人们可以在那里开发庄园产业；这要感谢 17 世纪的荷兰人排出了周围沼泽地的积水。

19 世纪的梅多克市已经很发达了。适合种葡萄的表层沙土地都已是遍地绿荫，他们的葡萄酒交易也持续了一个世纪或者更久。但他们很少直接销售；商人们在波尔多严格控制着行情并且逐步根据售价将这些产业做了分类。在某种程度上你也可以说是"质量决定分级"，因为最好的地块首先发达起来，特别是在波尔多附近的土地，率先卖出了高价格。分类工作相继在 1816 年、1824 年、1816 年和 1848 年完成，这些分类最大化地确认了酒商们对质量的观点。但他们咨询过葡萄种植者们的意见吗？没有。这是由波尔多商会及其葡萄酒经纪人做出的决定。

所以当拿破仑王子在 1855 年发出号召时，波尔多商界早就有了一个成形的葡萄酒层次结构，它分为五个价格层级，或者你也可以说是质量水平；这不是一时冲动决定的，而是基于一代又一代的经验以及不同的商品属性形成的价格记录。苏特恩（Sauternes）白葡萄酒仍

---

1. 拿破仑热罗姆：拿破仑三世的长子。

侯贝酒庄（Château Haut-Brion）的产品是 1855 年分类里唯一一来自历史上著名的格拉夫（Graves）地区的葡萄酒。拉菲（Lafite Rothschild）、玛歌（Margaux）和拉图（Latour）是梅多克（Médoc）市的三大物产，它们建立了葡萄酒业最高荣誉以及随后的好价格。木桐酒庄（Mouton Rothschild）在 1973 年成为一级酒庄（First Growth）

然以其甜酒风格获得了最高价格，伊奎姆酒庄（Chateau d'Yquem）则戴上了"超一级酒庄"（Superior First Growth）的桂冠。苏特恩有 11 家一级酒庄，其他红酒产区的一级酒庄却只有 4 家。为什么？就是因为价格。第二层级则由苏特恩和梅多克分享；但第三、第四和第五层级的分类全部被梅多克红酒占有。这个分类当然不是一成不变的，它会自然地按照价格继续演化。但有趣的是，在

1862 年，当伦敦博览会（Great Exhibition）展现波尔多葡萄酒时，也拿出了同样的列表。至今唯一的变化就是在 1855 年将佳的美酒庄（Château Cantemerle）添入其中，还有木桐酒庄（Mouton Rothschild）在 1973 年也成为了"一级酒庄"。一旦进入分类，这些精英成员便不愿意改变他们的利润点，这是可以理解的。

左：这款丰满且极富美感的 1982 年份葡萄酒使碧尚·纳兰（Pichon Lalande）女伯爵城堡（通常简称为"女爵堡"）闻名于世。中：大多数葡萄酒都将"châteaux"一词作为"第二标签"使用，因为他们批量生产的酒达不到顶级。碧尚隆格维尔（Pichon Longue-ville）男爵酒标上使用了这个词汇，令人以为它与其他酒庄的顶级葡萄酒同样好。右：巴顿城堡酒庄（Château Léoville Barton）实际上并没有一座城堡，它的葡萄酒是在朗格巴顿城堡（Château Langoa Barton）酿造的，因此把该城堡描绘在标签上

城堡酒庄概念

法语词汇"château"的直译是城堡、雄伟、壮观，通常也是相当地古老。在波尔多地区只有几处建筑能够匹配这个描述，大多是在18、19世纪建造的。葡萄酒以此给人以贵族传统和高贵的印象，事实上都是牵强附会。

尽管波尔多南部格拉夫地区有一些精美的庄园炫耀着自己的寿命和历史，然而那些"城堡（châteaux）"依然大多聚集在波尔多北部的梅多克地区；这一地区过去基本上是荒凉的沼泽地，是法律也难以覆盖的蛮野之处，这种情况一直持续到17世纪，荷兰工程师排除了沼泽地的积水。从18世纪开始，波尔多的富有商人和议员们方才在那里开发庄园、建造庞大的房子，而最宏伟的城堡却是在19世纪建造的，譬如碧尚隆格维尔城堡（Château Pichon Longueville）和玛格城堡（Château Margaux）。部分原因是为了炫耀，但往往还有一个更深的动机。这些富有的庄园新业主极度渴望获得合法性。波尔多有着悠久的酿酒传统，但是他们的庄园却没有。建一个仿古风格或者其他宏伟式样的庄园，可以为他们的葡萄酒买到一个受人尊重的传统，就算他们根本没有传统。

碰巧，他们的葡萄酒质量很快获得了承认。19世纪的人们可能不需要这种虚饰的传统，毕竟这是一个在工业和政治方面发生了巨大变革的世纪。但这种理念抓住了机会。在1855年波尔多葡萄酒的列级分类（Classification of Bordeaux）中，只有五个庄园自称"城堡"。到了1874年，波尔多宣称已有了700个城堡，到了1893年就有了1300个，现在则有成千上万的地产自称为"什么城堡什么酒庄"，即使它地处某个葡萄园角落里，勉强才超过一个农舍别墅的大小。一旦把你的酒贴上"城堡酒庄"标签，它就立即有了卖高价的机会。

所以，一款城堡酒庄葡萄酒，其实简单的说就是某个酒厂生产的酒。这个酒厂规模可以扩大或缩小，而"城堡酒庄"这个名称却是雷打不动的。在过去的一个世纪中，许多产地范围已经扩大了很多，通常是原先的十倍。如果原先的庄园主曾经在原始葡萄园中建立了一款葡萄酒的声誉，现在则可能只占其产量总数的一小部分。的确，一个庄园可以通过购买很多并没有进入1855年著名的列级分类表中的葡萄园来获得"列级酒庄"的身份。反之，如果一个"列级"酒庄卖了一些葡萄藤给一个未获等级的普通酒厂，这些葡萄藤便失去了它们的"列级"地位。那么"城堡酒庄"究竟代表着什么？一个品牌，也许吧。一款葡萄酒可能基于一种特定的葡萄，但并不一定如此。一个庄园肯定是一个很好的营销工具。"城堡酒庄"，听起来很是让人印象深刻。还是不要去探究太多的细节吧。

玛格城堡（Château Margaux）是帕拉弟奥（Palladian）建筑风格的杰作，建于1816年

碧尚隆格维尔（Pichon Longueville）可能看起来像一个中世纪的童话城堡，建于1850年

阿戈什顿·哈拉斯缇的布埃纳维斯塔酒庄

布埃纳维斯塔（Buena Vista）应该是在加利福尼亚州成立的第一家酿酒厂。那里早先曾有过一些葡萄园，有的是由西班牙传教士建立的，有的是由墨西哥人建立的，还有几个是由法国和德国移民建立的；但第一个真正庞大的酒厂，名叫"看看我，你的强大与失望（look at me ye mighty and despair）"，其经营和运作是在加州索诺玛（Sonoma）镇附近的布埃纳维斯塔（Buena Vista）。

布埃纳维斯塔（Buena Vista）酒厂已经搬迁到几英里之外了，然而最初的酒窖依然留在原地作为一个博物馆存在。但它已没有多少布埃纳维斯塔痕迹了。这很重要，因为它是那个家伙创造的——阿戈什顿·哈拉斯缇（Agoston Haraszthy）。

试图确定哈拉斯缇到底是谁、是什么、为什么、何时何地等问题，几乎是不可能的。你查对的每一个信息源都会给你不同的细节。他作为加利福尼亚葡萄酒行业的创建者而闻名。我猜想这也是他所看重的，因为毫无疑问，他是加州葡萄酒业第一位不可忽视的人物，而这里面又有多少是真实的呢？他真正实现了什么？他究竟得到过遗产吗？

他自称"伯爵"（Count）或"上校"（Colonel）——似乎都没有根据：他确实来自匈牙利某个模糊的贵族家庭，当然，他曾当过兵，但那是在皇家卫队（Imperial Bodyguard）吗？在他1840年变成一个亡命美国的政治逃犯之前，他已经是一个葡萄种植者、一个养蚕者以及匈牙利议会成员吗？或许是，或许不是。因为他具有难言的能量。他来到威斯康辛（Wisconsin）州，建立了一个小镇叫做哈拉斯缇（Haraszthy）；要是你，你也会的，为什么不呢？他还建了一个葡萄园。是的，你们知道的，在威斯康辛州葡萄都冻坏了。然而他命中有金。加州淘金热潮（California Gold Rush）开始了。于是他跑去了美国西海岸。

事情是这样的，我期待你们现在已经明白。他本质上是一个冒险家，具备冒险家所有的魅力、热情和必需的能量，然而也具有虎头蛇尾、从不严循事物规律的致命缺陷。但加利福尼亚州以及淘金热似乎就是为他打造的。

这就是阿戈什顿·哈拉斯缇（Agoston Haraszthy）在他1862年出版的《葡萄文化，葡萄酒和酿酒》（*Grape Culture, Wines, and Wine-Making*）一书中描绘的"布埃纳维斯塔农场"（Buena Vista Ranche）。这些在房子周围的植物都应该是葡萄树。看上去它们更像是圣诞树

他开始在圣地亚哥（San Diego）建了一个葡萄园，后来又不喜欢它了，于是换个地方再干。他的另一个葡萄园是位于现在旧金山的中心地带。真可惜，马克·吐温（Mark Twain）没有在他身边提醒他有史以来最糟糕的时节就是旧金山的夏季。最后，他来到了旧金山湾（San Francisco Bay）北面的索诺玛（Sonoma）镇，开始了布埃纳维斯塔（Buena Vista）的种植。

这是他建功立业声名鹊起的地方。他是加利福尼亚这个葡萄栽培天堂的疯狂的推动者。他是第一个意识到那个道理的加州人，但不是最后一个，即：如果你的声音足够大，一定会有回响。随着淘金大潮（Gold Rush）来临，葡萄园也开始了疯狂的扩张。而加州最大的需求之一就是用好的葡萄品种来取代传教士带来的脆弱的米申（Mission）品种。长期以来，他的儿子阿尔帕德（Arpad）[他还有另一个匈牙利名字：阿提拉（Attila）]一直宣称他是将仙芬黛（Zinfandel）葡萄引入加州的第一人。实际上他不是。他是在 1862 年去欧洲参加一次葡萄酒聚会旅行时才带回了仙芬黛。而这种葡萄早在 19 世纪 20 年代就已经生长在纽约长岛（Long Island）了，比哈拉斯缇（Haraszthy）本人去加州还要早。你们说的有道理，他也被称为改善了所有来自欧洲的品种的人，这些都是加州迫切需要的。他确实带回来了 100000 条葡萄藤植株，300 个不同的品种，他也并不是第一个引入欧洲葡萄酒的人，做这事的是一个名叫维涅斯（Vignes）（这是真的）的法国人，还有几个德国人，名字叫科勒（Kohler）和弗洛灵（Frohling），然后又是好几批法国和德国人，自 19 世纪 30 年代以来，他们就一直从欧洲进口葡萄酒。

但是他们没有一个人像哈拉斯缇这样发出了许多声音，没有人具备那么多的能量和自信。那些人中间没有英雄。确实，哈拉斯缇有很多毛病，他的生活是个悲剧，他放弃了布埃纳维斯塔，他去尼加拉瓜（Nicaragua）时被鳄鱼吃掉了。或者说，确有其事吗？

你找到它了——布埃纳维斯塔伯爵酒（Count of Buena Vista）。这就是哈拉斯缇希望塑造的自己。所以让我们为此喝一杯

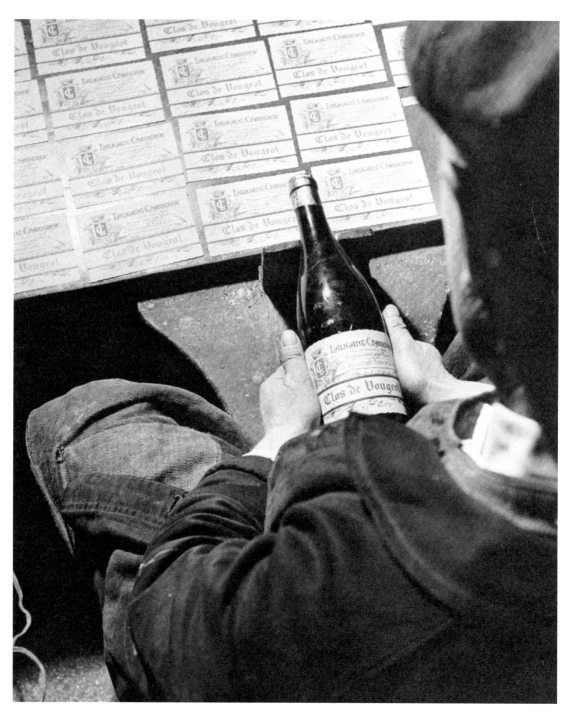

1946 年人们手工给拉卡梅伦伏旧园红葡萄酒（Laligant Chameroy Clos de Vougeot）贴标签

葡萄酒标签

每瓶葡萄酒都有一个标签，它告诉我们对于瓶中物所需要了解的一切有关信息。现在已然司空见惯的纸片，我们却不清楚其实它是一个近代事物。

在古埃及（Egyptian）和罗马（Roman）时期，酒一般就是以通用名称销售，例如莱茵（Rhenish）酒、萨克（sack）酒、克莱特（claret）酒和香槟（champagne）酒，没有任何关于葡萄园或经营者的信息。只有个别的葡萄园往双耳细颈陶罐（不是酒瓶）上贴纸条。这是因为当时的酒既不供船运也不装瓶出售。在 1636 年的英格兰，出售瓶装酒是非法的。这种情况直到 1860 年《销售日用品授权法案》（Grocers' Licensing Act）发布才改变，从而开启了一个大众市场。葡萄酒才可以装在木桶里运输，并用桶在酒馆、客栈和私人住宅里零售。那时桶装酒没有严格的名签，一切取决于你信任供货商与否。

18 世纪早期，情势开始变化。在酒窖中横置酒瓶的做法得以固定下来。但酒瓶仍然没有标签。酒窖里的一个箱子里可能贮存着数百瓶酒，在一个像衣架形状的陶器或石板标签上，写有信息供你分辨哪种酒在哪个位置。当然，你必须熟悉自己的业务。因此，我们在餐桌上把用细链子挂在酒瓶颈（或是醒酒器）上的标签称之为"瓶票"，或者是其他什么名字。但标签上的信息依然与商标相去甚远，仅仅是个名字，例如波特酒、马德拉酒、克拉雷波尔多，等等。宴席主人应清楚这酒来自哪一家，但更有可能的是，他只知道卖给他酒的那个商人的名字。

但是事物总在改变。例如，顶级波尔多葡萄酒变得更加出名，然而它们更可能通过有品牌标志的软木塞来识别，而不是仅仅看贴在酒瓶上的标签。勃艮第酒开始在装运时表明产地，至少详细到村；而早期的勃艮第标签仅仅是带有村名并盖上印章的白纸条，例如，努依村（Nuits）、沃尔内村（Volnay），等等；1860 年《销售日用品授权法案》颁布，瓶装酒可以在商店单独出售了，但必须是可以识别的。很多商人仅仅把自己的名字印在标签上，当胶水能在玻璃上使用时，纸标签就变成了常用物品。从那时候开始，标签的发展从裸瓶标志到有关于瓶中酒的简单的梗概信息，包括产地，也许还有酒厂；标签开始作为营销工具使用，不仅仅只是简单地表明供货者信息。波尔多和德国率先通过设计标签来宣传他们的优势和个性。显然，香槟得到了起跳的机会。但由于香槟在饮用时通常是从冰桶里拿出来，因此它用的胶水必须非常牢靠。当然，标签不是必须说实话。葡萄根瘤蚜虫害危机在欧洲爆发（一场毁灭性的虫害），从 19 世纪 60 年代开始，欺诈和伪造规模空前。在 19 世纪的标签上你可以得到很多信息，但是它不是准确的；直到进入 20 世纪后，你才可以相信标签信息是准确的。

各式各样的美国葡萄酒标签。一个现代美国标签必须显示生产者、年份、原产地和葡萄品种

1860年
穆列塔和里斯卡尔

对于是谁创建了西班牙里奥哈（Rioja）葡萄酒的现代风格问题，不难达成一致，是穆列塔侯爵（Marqués de Murrieta）或者是里斯卡尔侯爵（Marqués de Riscal）。但这个结论不是如你想象的那么清晰。

穆列塔（Murrieta）在1852年出产了他的第一款里奥哈（Rioja）陈年葡萄酒，但不是在他的酒窖里。里斯卡尔（Riscal）则于1850年开始修建他的酒窖，但是直到1860年才出产了他的第一款年份酒。也正是这一年，穆列塔建立了自己的酒窖。这两位先生都引入了波尔多的理念，尤其是关于橡木桶的技术：如何制造它们以及如何使用它们。他们俩都开始种植波尔多葡萄品种，例如赤霞珠（Cabernet Sauvignon），部分原因是没有人真正清楚在里奥哈种的是什么或者它叫什么。但是现在穆列塔专心致志地在培养传统，里斯卡尔仍然在做着赤珠霞葡萄的大生意。当时穆列塔自学了如何在波尔多酿造葡萄酒，而里斯卡尔则雇了一个法国人酿酒师。穆列塔以产地的名字——伊格（Ygay），出口其产品，而里斯卡尔则卖掉了他在梅多克阿拉维萨（Médoc Alavesa）的产业。但里斯卡尔发明了金属丝网防范欺诈，这后来成了里奥哈葡萄酒酒瓶上的商业标志。

另外我还要提供一个名字：一位叫做昆塔诺（Quintano)的牧师，来自利奥哈阿拉维沙（Rioja Alavesa）。他在1780年来到波尔多客居，在那儿学习了酿造葡萄酒，1786年回到利奥哈阿拉维沙，同时带回了波尔多葡萄酒知识技术和满满一车的波尔多橡木桶。此后，于1795年向古巴（Cuba）出口了十桶据说是优质"现代"葡萄酒，比穆列塔早了60年。但因为从来没有人见过昆塔诺葡萄酒（Quintano），所以我赞成穆列塔和里斯卡尔共同作为"第一个现代酒人"。

为什么会这样？因为西班牙作为一个盛产葡萄酒的国家，虽然产量大但不合时宜。法国在欧洲北部和北美（North America）开发出了成熟的海外市场，这需要高品质以及鼓励实验和改进；而西班牙则依赖于说西班牙语的旧帝国

及其追求不高的当地的人口。但里奥哈葡萄酒应该是不同的。大约在公元前100年，正当凯尔特人（Celtic）部落在那儿酿酒时，罗马人来了，据说甚至还带着橡木酒桶。由于当时到处都在混杂使用陶罐、猪皮、杂木桶等等来运输葡萄酒，这项技能已经消失了很长一段时间了。

西班牙需要打一个边线球来进入现代世界，穆列塔和里斯卡尔成全了它。他们带来了波尔多葡萄园的管理方式（在特定的土地种植特定的品种，限制产量和采摘成熟的葡萄）、酿酒经验（保持酒厂干净，使用硫黄对用于发酵和储存容器进行消毒）、用桶来陈化葡萄酒、木桶必须箍紧、清洁、密封，给桶中的酒体添加一点儿新鲜烤木头特有的香味。波尔多葡萄酒当时被广泛认为是19世纪世界上最好的红酒。这时突然杀出一匹黑马，可能甚至比它更刺激一些，而且是在波尔多南部仅仅几百英里的地方酿造的。在19世纪70年代，当葡萄根瘤蚜虫摧毁了波尔多，穆列塔和里斯卡尔则准备好了向世界提供一款同样美味、使用橡木桶陈化的替代品——里奥哈葡萄酒。

不，你的眼睛不会欺骗你。这是新的弗兰克·盖里（Frank Gehry）设计的里斯卡尔酒厂

这两个双胞胎出生在现代里奥哈，准确地说，它们是现代的西班牙葡萄酒。今天它们依然非常成功

在这幅由芬兰绘画艺术家阿尔伯特·艾德费尔特（Albert Edelfelt）于 1885 年创作的油画里，巴斯德（Pasteur）看起来就像一个业余科学家，他在晚饭后用化学装置做的即兴表演。我因此怀疑他的艺术家名号，因为巴斯德是 19 世纪最伟大的科学家之一

路易·巴斯德

每当我们在超市拿起一品脱牛奶，便会想起路易·巴斯德（Louis Pasteur）。巴氏灭菌法现在已经作为一种规范被完全接受，但在其之前，牛奶如果不经高温消毒会被视为怪异，是极其危险的。

巴氏灭菌法（Pasteurization）的确是一个奇妙的发明。它通过加热可以杀死所有细菌和微生物，从而实现消毒。在19世纪中期，液体和食物的变质腐烂是一个巨大的社会问题，巴斯德用加热法杀菌的发明却没有得到重视。但他最深远的发现是在1860年，他描述出了发酵的过程。葡萄酒发酵现象至少有8000年了，但没有人知道是如何发生的；甘甜的、胶黏的葡萄汁非常活跃，会产生泡沫、发热等等令人困惑的现象，然后终归平静下来，变成了干爽、无糖的液体，口感完全不同于原先的葡萄汁。你若开怀畅饮，它会使你变得聪明、机智、轻浮、嬉闹、诗兴大发、无所畏惧、站不稳、斗鸡眼、胡言乱语、沉睡昏迷；醒来后，你的脑袋非常沉重。所有这些都是酒精所致。但酒精是什么？它到底是如何被创造出来的呢？

我们知道酵母菌已经存在了很长时间，但巴斯德揭示了发酵并不是一些奇怪的自发活动，而是一个完全可预测的过程：酵母菌吞噬掉液体里的糖分，产生出一个精密的乙醇和二氧化碳的变量，该变量根据可分解糖分的多少而变化。一旦明白了这个过程，现代酒厂就向着完全控制葡萄酒的发酵迈出了第一步。今天的酿酒师通过选择特定的酵母，调节速度、温度和发酵的长度，从而实现操纵葡萄酒的味道。

在19世纪60年代的法国，找到葡萄酒变酸的原因并解决问题是急迫的需求。巴斯德来自法国东部的侏罗山，他在那儿有一个葡萄园，葡萄酒变质司空见惯。因此巴斯德收集到了各种变质葡萄酒的大量样本，比如酸性的、黏稠的、沉淀的、浑浊的，等等。他把这些样品放到显微镜下，发现每种异变各是因完全不同的微生物所致。酒里的细菌越多，就越快变质；但是细菌需要氧气成活，它们得到越多的氧气，便繁殖得越快。一壶酒暴露在空气中会迅速变质。用软木塞封口的半瓶酒变质要缓慢得多。把葡萄酒密封在试管中，不接触任何空气则没有异变。现在科学家和酿酒师们终于可以解决酒不可避免地转变成醋的问题了。创建优质葡萄酒特别是年份酒的工作从而蓬勃发展起来。在这一切之后，巴斯德又发明出狂犬病疫苗。多么聪明的家伙！

在巴斯德之前，法国普遍的认识是：发酵是无意识的自然繁殖。巴斯德使用这个鹅颈瓶证明：葡萄汁经过消毒并且与空气隔离便不能发酵。发酵所必要的酵母是经空气传播而来，或者来自葡萄皮上的寄生物

1863年
葡萄根瘤蚜虫

葡萄根瘤蚜虫曾经毁掉了世界上数不清的葡萄园，现在也仍在世界各地威胁着葡萄藤蔓的生存。然而，坏事也会变成好事，它在无意中从根本上改变了世界葡萄种植方式，以及种植地区的分布。但是首先必须结束它带来的灾难。1863年，法国南部的艾尔勒（Arles）地区附近的葡萄藤蔓逐渐死亡，原因不明。

每年都有一片一片的葡萄藤蔓生病，叶蔓枯萎嫩芽不生，越来越少的果实不待成熟便全部消亡。1868年，当地的科研人员在葡萄藤的根部发现了一只很小的黄色蚜虫，它吸吮植物汁液同时毒杀其根系。法国其他地区则没有发现。在罗马时代，此类病虫害也曾发生过。老普林尼（Pliny the Elder）主张将活蟾蜍放在生病的葡萄藤下以消除病害。1540年的勃艮第人（Burgundians）也经历过一场甲壳虫传播的疫病，所以他们消灭了甲壳虫。这些经历给了他们教训。病虫害出现，此类的救灾措施像往常一样再次启用，但是，这次一开始就比较严重。从1867年开始，这种病害占据了罗纳河谷（Rhône Valley），1869年抵达了波尔多，1870年代进入勃艮第，看起来似乎可能摧毁法国所有的葡萄。如果法国葡萄陷落了，那么欧洲其他的葡萄园呢？整个世界又会是怎样？

当时主要面临两个问题：首先，蚜虫是如何传播的？它既能在地面爬也能在空中飞，也许是被风吹着飞。后来过了很久人们才了解到，它可以沾在靴子上、衣服上或工具机械上，尤其是在葡萄藤的移栽植株上。其次，你能杀了它吗？嗯，差不多吧。他们开发了一种致命的混合物，称为二硫化碳，如果你将其注入土壤，会杀死蚜虫，但它也可以轻易地杀死所有的一切，包括葡萄，而且它非常易燃。

当专家们弄清了病源后，应对方法也随即找到。原来，这种葡萄根瘤蚜虫是来自美国东北部而非源自本土，它不伤害它们的原生地葡萄，那是一种完全不同于欧洲葡萄的品种。事实上，害虫可能早已经随着一批进口的观赏葡萄藤抵达了欧洲。经过嫁接实验表明，把法国葡萄藤移植到美国物种根茎上，葡萄根瘤蚜虫就不会去伤害这个"美国根茎"——然后法国的葡萄（赤霞珠、霞多丽，等等），就可以继续生产葡萄酒，而且无法区分是否经过了嫁接移植。原先在法国对于嫁接美国根茎有着巨大的阻力，但随着病虫害的蔓延，反对者少了，现在嫁接变成了通常做法。

由于当地的一些小意外，葡萄根瘤蚜虫穿过了欧洲传播到了世界其他地区。然而不知何故，智利和澳大利亚南部对其有免疫力，不必移植他们的葡萄藤。但嫁接移植技术的发展，竟然使葡萄园能够掌控葡萄的产量、抗病性以及成熟期。许多边缘地区退出了葡萄种植业，从此再未重新种植。世界其他地区，例如葡萄牙的里奥哈，则填补了这个美酒的空档，并且建立了他们自己的声誉。经过葡萄根瘤蚜虫害后，葡萄种植成本愈发昂贵，技术愈加复杂，但是结果可能更好，而不是更糟。

讨厌的东西！这些肮脏的黄色生物就是繁殖中的葡萄根瘤蚜虫，从那个中间的凶险虫体来看，它们要设法摧毁世界上大多数葡萄，而且它们现在依然存活在世界上大多数的葡萄园中

20 世纪 80 年代，葡萄根瘤蚜虫害大规模侵袭美国加利福尼亚州，由于当时种植的根茎没有抵抗力，该州大多数葡萄园被迫重新
种植耐虫害的葡萄种。已成熟的葡萄藤只好被扯掉并烧毁。这是加州纳帕谷的圣海伦娜（St. Helena）地区在焚烧虫害

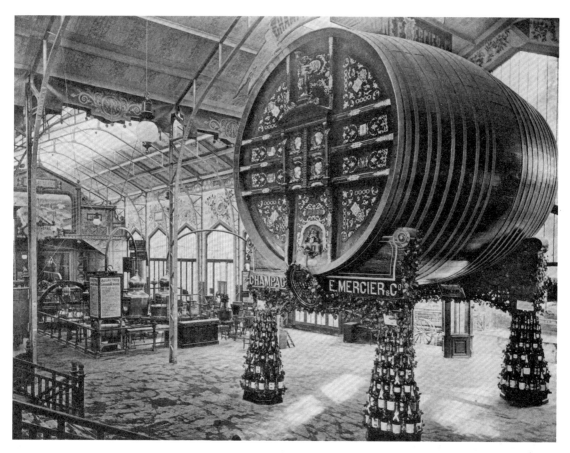

梅西埃酒桶，当它出现在 1889
年巴黎世界博览会上时，它是
世界上最大的酒桶

保 持 美 好 时 代（Belle
poque）的精神常青。一个多
世纪以来香槟一直是豪华和奢
侈的象征，从"香槟查理"到
"F1汽车大赛"[这是丹尼尔·里
奇亚多（Daniel Ricciardo）
在 2014 年匈牙利大奖赛
（Hungarian Grand Prix）领
奖台上打开香槟酒庆祝胜利]

香槟营销

很多人说他们不喜欢香槟的味道。但他们还是照样喝它。为什么？因为他们想成为它的一部分。他们想要融入快乐、笑声、欢庆以及令人兴奋的浪漫际遇，真是好玩极了。

香槟，只要它有泡沫，并且欢唱着从酒瓶进入酒杯，我保证：饮者的乐趣触手可及、喜乐和欢笑可以买到，而且一瓶香槟的价格更让你感到称心如意。

但它不只是有趣、愉悦和充满情调的。没有其他酒能像香槟那样代表着一种奔放、奢侈和豪华的文化。它在17世纪下半叶才由于它的泡沫闻名于世。它的声名鹊起开始于著名的英格兰王政复辟（Restoration），从那时起，这个国家抛弃清教主义（Puritanism），崇尚享乐主义。法国则在18世纪初效法英格兰，路易十五（Louis XV）的摄政统治时期（Regency）更加骄奢淫逸。奥尔良公爵（Duke of Orleans）沉溺于香槟疏于朝政，直到路易十五登基；坦白地说，他也非常热衷于香槟，一如在上断头台之前还消灭了一瓶香槟的路易十六。

故事继续发展。拿破仑（Napoleon）与酩悦陛下（M. Moët，他是酩悦香槟 Moët & Chandon 的主人）是知心朋友，在拿破仑战争（Napoleonic Wars）期间，香槟推销员始终随军东奔西跑，如果有必要的话会一直跟到莫斯科（Moscow）。1815年拿破仑在滑铁卢（Waterloo）战败，但香槟却作为庆祝半个欧洲解放的唯一庆典用酒而成名。谁能抵挡得住那瀑布般泡沫、微微的眩晕和开瓶的乐趣？他们当然不是浪荡子、享乐者或聚会虫，他们是那个时代的名人，他们酒后的滑稽令其粉丝们兴奋异常。人们欣赏这些明星们的行为吗？不。不会超过我们今天的程度。但是大众也被它迷住了，渴望尝到世界同庆的味道，哪怕只是一小口。

香槟提供了这样的机会。在整个19世纪，它变得越来越广泛。这意味着有关于它的越来越多的轮番营销活动和广告，而且形式不同花样繁出。在1889年巴黎世界博览会上（Universal Exposition），梅西埃（Mercier）花了20年建造的世界最大的酒桶，可以容纳200000瓶酒，并用24头白牛拉着穿过巴黎；梅西埃还制作了世界上第一部广告电影，当然是关于香槟的；还有一个巨大的广告热气球，这个热气球挣断了拉绳，落到了奥地利。

在英格兰，音乐厅的明星们引吭高歌赞美香槟一个又一个的好处。两位著名的歌唱家，歌王万斯（the Great Vance）[《香槟凯歌》（Veuve Clicquot）]和绰号"香槟查理"（Champagne Charlie）的乔治·利伯恩（George Leybourne）的《促销酩悦香槟》，分别从伦敦两边的舞台上展开了歌唱决斗。在美国，玛姆香槟（Mumm）变成了爵士香槟，与白雪香槟（Piper-Heidsieck）和酩悦（Moët）香槟争夺市场。一直到美好时代（Belle Époque）、世纪之末（Fin de Siècle）、爱德华时代（Edwardian age），这些活动都在持续地盘旋上升。两次世界大战和大萧条（Great Depression）时期抑制了酒业发展，然而《禁酒令》（Prohibition）以及地下酒吧和疯狂的享乐，却使得香槟市场扩大并成为唯一的夜总会用酒。

然后，好莱坞明星们登场了。他们不只是喝香槟。玛丽莲·梦露（Marilyn Monroe）曾一次订购了150瓶香槟，要用它来洗泡泡浴，而且她说每天晚上睡觉前在耳朵后面涂上香奈儿5号香水（Chanel No. 5），早晨醒来时还要喝一杯白雪香槟（Piper-Heidsieck）。至于詹姆斯·邦德（James Bond），香槟的形象代言人中没有谁能比得上007了，他对古典香槟王唐·培里侬或布林格（Bollinger）的了解打败了缺乏教养的对手。或许他更愿意做的是，用他空着的另一只手臂拥抱一连串世界上最美丽的女人。而他传达的信息并没有改变："以一瓶香槟的价格，你也可以体验到像我这样的生活。"

香槟地区——血染的年份酒

在兰斯（Reims）有过一段战争时期，你会认为法国人应该有计划地保护这个伟大城市，因为法国国王加冕礼是在这里的大教堂举行的。但他们没有这么做。随着德国军队1914年马蹄踏踏踏军刀闪亮地长驱北进，当地人更担心的是他们即将出窖的、前景甚好的年份酒。

德国人在9月3日进入了兰斯，9月6日他们便绕过兰斯山（Mountain of Reims）到达了埃佩尔奈（Épernay），距离巴黎的门户塞纳河（Seine River）只有30英里；他们认为在10月份就能在香榭丽舍（ChampsÉlysées）大道上跳舞庆贺胜利了。但德国人在第一次世界大战期间从来没有进入巴黎。在马恩（Marne）的第一场战役中，他们被著名的"马恩出租车"（Taxis de la Marne）——从巴黎运送来的增援部队——赶出了埃佩尔奈，然后在9月13日又被逐出兰斯；看起来仿佛香槟地区在被短暂的占领后获得解放。真是犹如一场残酷的幻觉。兰斯则是实实在在地解放了，德国人全部跑光了。然而他们没有跑远。他们仍然在兰斯山坡上构筑工事，那里种着很多香槟地区最好的黑皮诺葡萄。交战前线正好穿过一些最好的葡萄园。战壕纵横交错于这些珍贵的斜坡和葡萄架上下，引得炮弹轰然而至。然而葡萄却被采摘了下来，代价很高。没有人能确定有多少成年人死于采摘葡萄，因为两边都有很多人被杀，但在1914年有20名孩子死在葡萄园的采摘中。1915年则死得更多，尤其是两个小女孩，年龄分别是12岁和15岁，某种程度上是在德国机关枪声中抢收葡萄，这也是这款年份酒的另一个令人惊奇的注脚。因此，1914年和1915年酿造的葡萄酒被称为"血染的年份酒"。他们说酒瓶里流着法国人的鲜血，只有很偶尔地在庄重的气氛下以崇敬的心情才能取出一瓶与大家共享。这与通常以香槟伴随高昂情绪的欢乐聚会完全不同。

如果收获葡萄是英勇，酿造葡萄酒也是如此。那年9月14日，德国人开始炮击兰斯，一天后他们被勒令撤退，然而他们却继续轰炸了1051天。那座伟大的教堂损坏严重，没有一个房间得以幸免。几乎整个城市的所有居民都被疏散，所以到战争结束时，战前拥有120000人的地方只有100名平民幸存下来。然而在战争的头几年中，直接躲入地下的人们生存了下来。罗马人首先建设的巨大的白垩岩酒窖变成了躲避炮火的完美避难所，据说战争期间在这些巨大的地窖中没有一瓶香槟因炮击而受损。不仅仅葡萄酒继续存在，而且这个城市的生活也在洞穴里安全继续着，毕竟有成千上万的人实际上生活在那里。法国军队注意到，在各个竞争对手公司的酒窖之间还有通道连接，例如凯歌（Veuve Clicquot）、宝马里（Pommery）、玛姆（Mumm）和瑞纳特（Ruinart），其中一些公司的酒窖是联合在一起的；士兵们会趁混乱时掠走一些正处于陈化中的新酿香槟酒。截至1916年3月，这个洞穴的网络空间大到足以容纳50000名士兵。1914年和1915年属于伟大的年份酒；我相信1917年的酒味道也很好。但是我希望，那些喝到它们的人可以品尝出牺牲和痛苦，以及那个九月和善温暖的阳光。

在1914年采摘葡萄酿造酩悦香槟是个英勇的举动，因为那时炮弹如雨点般倾泻到葡萄园里

1914 年，妇女和老人们在埃佩尔奈附近采摘葡萄，与此同时法国步兵先头部队正在开往前线

兰斯的这些深藏地下的酒窖不仅完好地保护了珍贵的香槟免遭炮击，而且为多达 50000 名士兵提供了庇护所

维加西西里亚的"瓦布伦纳（Valbuena）"葡萄酒上
市是在采摘 5 年后（因此叫做"5.º"）。虽然"瓦布伦纳"
酒标不如维加西西里亚的"优力克（Unico）"有名，但
瓦布伦纳的葡萄藤平均年龄却有 25 岁了

维加西西里亚有一些 100 公顷大的葡萄园，那里种植着
具有百年历史的葡萄藤。用于酿造当地宝贵的"优力克"
葡萄酒的葡萄就常常产自这些低地。

1968 年的传奇。"优力克"是维加西西里亚最
好的产地酒里的顶级精品。它使用简单的瓦布伦
纳酒标包装销售

维加西西里亚葡萄酒

电话响了。"您好，这里是维加西西里亚。""下午好。我要买你们的一箱酒。""您必须排队等待，先生。我们有一个顺序名单"。
"你知道我是谁吗？我是西班牙国王。""您可能确实是国王，先生。但您也要排队等候，先生，像其他人一样。"

这可能不是电话对话的准确记录，但这肯定是他们讲述维加西西里亚的故事之一：当西班牙国王打电话要买一些酒时，却被告知他也需要排队等候轮到他——"就像其他人一样"。我怀疑这故事的真实性。维加西西里亚一直在玩弄紧俏以及专营把戏，这需要了解别人对于获得几瓶这款神秘甘露的急迫心理，因为几代人都认为它是西班牙最好的红酒。

但称之为甘露可能是有点儿夸大。因为维加西西里亚葡萄酒在 19 世纪 80 年代后期之前从未有过品尝记录。我在斯德哥尔摩（Stockholm）终于品尝到了它，那是在传奇的 1968 年，当然它那时是完全不同的。口味较重但有趣，有点儿黑色水果和野生的气息，酸度高，坦白地说挥发性并不稳定。然而这似乎并不重要。这柄闪闪发光的酸之剑划破了水果香气的轻纱，酒杯喝空之后很长时间，酒气仍然飘浮在空中，纠结无援，拒绝消失。确实是难忘的一次品尝，完全不同于我知道的其他东西。维加西西里亚酒庄是西班牙唯一的一级酒庄（First Growth），在西班牙宴会上获得与波尔多红酒相同待遇的第一葡萄酒。

与波尔多做比较肯定是有效的，因为维加西西里亚当时还是一个位于马德里（Madrid）杜罗河（Duero River）北岸的孤立农场，它的主人在 1864 年去波尔多买了 18000 棵葡萄藤：有赤霞珠、梅洛、马尔贝克（Malbec）、卡曼纳（Carmenère），以及勃艮第的黑皮诺，这些都被西班牙当局称为"认可的有益外来植物"。他的做法遵循了穆列塔和里斯卡尔的里奥哈模式，但是对他的葡萄酒却没有多大成效。他获得的任何名声都是为了白兰地和水果烈酒（eaux-de-vie）。19 世纪 80 年代，当东北部著名的里奥哈红酒区的葡萄藤遭到葡萄根瘤蚜虫的袭击时，维加西西里亚红酒则改头换面为名庄酒销售，

科姆·帕拉西奥（Cosme Palacio）过去曾经将他的红酒运到其在里奥哈的酒窖，由此人们可能会想，这是要在那里完成神奇的"整容"并销售。

1915，第一款维加西西里亚红酒面世，老板只是给了他的朋友们几瓶，他们大多数人似乎都是西班牙贵族社会的精英。因此，传说就这样诞生了。只有最伟大的人物才能喝到维加西西里亚红酒，你永远不会尝到它，因为它从不供应销售渠道。这听起来不像是一个伟大的商业策略，它也确实不是。他的产业多数是在风风雨雨中颠簸。但它确实使维加西西里亚红酒变成了一块磁铁，如果有人非常富有且想买到"威望"，就会被吸引住。1982 年，富人阿尔瓦雷斯（Alvarez）家族收购了这个产业，自那以后，他们辛辛苦苦地培养这款酒的神秘性和排他性，同时逐渐地将其风格现代化，但控制在一定的程度上。这种不寻常的混合物里有丹魄红（Tempranillo）[这里称为汀图菲诺（Tinto Fino）] 和波尔多品种（通常是赤霞珠），仍然要装入橡木桶内贮存长达六七年，然后灌入瓶中又是数年，酿酒师们都称这个过程为"锻炼肌肉和教育学习"（musculación and educación），但是他们现今非常谨慎于表现他们的"土壤"和"地方感"，因为他们用多达 64 批的葡萄分别酿酒。深色的甜水果、同样令人难忘的气味包裹着尖锐的酸度，从未改变。正如酿酒师所说，"在维加西西里亚红酒里面，我们的酸度就是我们永恒的护照"。

现在西班牙的国王得到了他的分配。然而英国女王伊丽莎白可能没有这么幸运。当她访问马德里时，大使想为她献上维加西西里亚红酒，但他不得不排队等候，就像其他人一样。

禁酒令

他们称《禁酒令》为"高贵的实验"。但在 1920 年和 1933 年之间让美国成为"无酒精区"的努力，却一点儿也不高贵。

美国与豪饮的关系一直是矛盾对立的，若你了解到许多开国元勋都是清教徒时，对此就不感到惊奇了。事实上在 19 世纪，"干巴巴"的会客厅在美国一开始就是这个样子，一些团体也一直在游说造势。禁酒的目标是烈酒，不是葡萄酒，但最终所有酒精饮料都被卷入国家禁酒的大潮。1851 年的缅因州（Maine）是第一个颁布禁酒令的州。等到 1914 年第一次世界大战开始的时候，全美 33 个州都"干涸"了。《战时禁令法案》于 1918 年 11 月 18 日通过，即使《停战协议》已于一周前签订，这个声名狼藉的《沃尔斯特法案》（Volstead Act），或称作《第十八修正案》（Eighteenth Amendment），则于 1920 年 1 月 17 日生效，并且一直持续到 1933 年 12 月 5 日。在这段时间里，美国的酿酒量增加了 50%。

你说什么？在禁酒令期间酿酒反而增加了？丝毫没错。然而这不是由专业葡萄酒公司酿造的，这些公司确实在减少，但是人们在自己家里酿酒，企业家、私酒贩都在这么干。而且这种行为大都是合法的！首先因为《沃尔斯特法案》对于实际消费酒是否违法的规定很模糊，第二是因为在修正案中有至关重要的漏洞。它禁止"致人兴奋的烈性酒的生产、销售或运输"，然而允许个人自己制作"不醉人的苹果酒和水果汁，仅限于自己家里使用"。其中对于"不醉人"的定义是什么则没有明确。你可以为你的家人每年榨出 200 加仑的葡萄汁，但是，如果它开始发酵怎么办？噢，它确实就发酵了！

葡萄园蓬勃发展。人们到处都疯狂地种植葡萄。葡萄价格从每吨 10～20 美元飙升到每吨 100～150 美元。但并不是所有葡萄都是这个价格。你不能以这个价格出售黑比诺和雷司令，因为它们很脆弱，皮很薄，无法在铁路货运站塞进货车厢，再经过一路颠簸横穿大陆运到纽约、波士顿和费城（Philadelphia），在那里的人们都在排队等

着买回家榨汁用。销售最好的葡萄是那些皮厚色深的粗葡萄品种，没有比阿利坎特紫北塞（Alicante Bouschet）更受欢迎的了，因为它的外皮厚硬如皮革而且汁水呈黑紫色。通过往阿利坎特里添加水和糖，私酒贩子可以做出比用典型的酿酒葡萄多四倍的烈酒。它在这个国家成为各种用于酿造"不醉人"酒的首选葡萄品种。在几年内越来越多的家庭自制葡萄酒，每年的产量超过了禁酒之前的商业酿酒厂的年产量。

还有一些很棒的聪明对策。酒在宗教仪式中一直是合法地使用的。天主教徒人数飙升，犹太（Jewish）会堂到处涌现，因为按照犹太人的信仰，宗教仪式中需要用酒。但你须注册为拉比（犹太教教士），只要提交一个你的会众成员名单即可。这时电话本对你是很有用的。如果病人患有"一些已知的疾病"，医生们就可以开一个酒处方。口渴算不算病？保罗·马森（Paul Masson）的"药用香槟"受益于禁酒令而蓬勃发展。弗吉尼亚勇气（Virginia Dare），这款在《禁酒令》之前美国最著名的葡萄酒，变身成为弗吉尼亚勇气葡萄补药（Virginia Dare Wine Tonic）后也继续发展。至于葡萄浓缩，如"葡萄酒砖"和小桶果汁，在出售时附带一份酵母丸，并且告诫你"不要使用，因为如果你用了它，这将变成酒，这将是非法的"。都是那么明显。没有谁能比一款叫作"葡萄球蛋白"（Vine-Glo）的葡萄汁浓缩液做得更好的了，它给有需要的家庭递送 5 或 10 加仑的小桶。送货人在启动发酵后 60 天再回来，送来满满一箱的空瓶子，他会很高兴地帮你把"不醉人"葡萄酒灌入瓶中；然后再留下一小桶葡萄汁，再次循环这一过程。它一定是受欢迎的：艾尔·卡彭（Al Capone）在芝加哥禁止这么做，违者会处以死刑。这一切现在看来似乎是一个糟糕的笑话，标榜禁酒的一方没有造成太大的伤害。这些烈酒的故事、酿私酒、帮派冲突都无法使人心情轻松。

这个场景在美国反复出现：税务官员突袭非法商店、酿酒厂和仓库，毁掉含酒精饮料。但总体情况并没有改观。酒类继续流入，黑帮持续致富，酒类消费比《禁酒令》发布时更高

在标签里用非常小的字母提示此酒"不醉人"——这是弗吉尼亚勇气品牌葡萄酒应对《禁酒令》的成功尝试。葡萄的图片是南方腹地（Deep South）里的麝香葡萄（Muscadines），这种葡萄的麝香味道是弗吉尼亚勇气葡萄酒的特色

我不知道在"葡萄汁"和无酒精葡萄酒之间有什么不同，我想它们都是犯规的

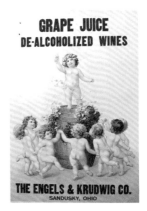

1924年
木桐罗斯柴尔德：酒庄灌瓶

实际上，波尔多红酒在两千年前从装船离开码头开往北欧的第一天起，就已经与各地色泽更深、颗粒更饱满、味道更强烈的葡萄酒混合起来了。

人们认为对波尔多自然酿造的清爽葡萄酒进行"改进"是极为正常的事，英国人将"改进"后的波尔多称之为"克雷特"，意思是浅红色或暗粉红色葡萄酒。有时这种混合是一个好办法。在18世纪末期，他们经常把罗纳河谷的艾米达吉（Hermitage）与顶级波尔多红酒混合，经过如此"改进"的葡萄酒就能卖出最好的价格。但更经常出现的是出于卑鄙动机的掺假行为。醇厚的西班牙红酒，特别是从来自阿利坎特的酒，甚至与受人尊敬的庄园葡萄酒混合，在19世纪晚期，在葡萄根瘤蚜虫灾难摧毁法国葡萄园之后，你会发现所谓的纯正产地庄园葡萄酒含有北非（North African）的私酿烈酒，也许增添一些接骨木果汁、黑莓或者乡村花卉的混合物能使酒色亮一点儿。这种情况是被20岁的菲利普·德·罗斯柴尔德男爵（Baron Philippe de Rothschild）发现的，那是在1922年，他接管了家族的产业，木桐罗斯柴尔德酒庄（Château Mouton Rothschild）。

有一件事使他受到了特别打击。通常，将要销往国际市场的葡萄酒刚刚完成发酵便被成桶地搬到波尔多市。没有人知道商人们在他们的酒窖里对这些酒做了什么。这可能是可识别的，也可能无法识别，这就要看庄园主的运气如何了。然而，庄园主贮存的自用酒却是被日以继夜地呵护着，直到手工装瓶。它的味道可完全体现出其纯正的产地葡萄园、年份以及酿酒专家的身份。所以，如果你都无法控制酒的产地和质量，谈何提升葡萄酒到特级呢？于是，德·罗斯柴尔德决定自己的木桐酒庄酒必须从那时起，在产地即本酒庄完成灌瓶，以保证其正源和质量，这些是他最为关心的。

现在这似乎很正常，但是当德·罗斯柴尔德说服了其他四位波尔多的庄园主，他们都拥有1855年进入列级

分类表的一级酒庄，与他同样只提供自己的瓶装葡萄酒出售，且灌瓶都在本酒庄内完成，他们的诚实做法使波尔多的商界陷入了混乱，随即遭到质疑。直到1971年强制要求所有的"列级酒庄"必须在各自的酒庄内自己装瓶。这正契合了菲利普·德·罗斯柴尔德发起的运动。他看清了20世纪20年代波尔多的古板，它需要一次大震荡。他果真在1924年行动了，在他的第一份"酒庄灌瓶（chateau-bottled）"标签上，出现了立体主义大师卡路（Carlu）的绘画杰作。从1945年份酒开始，罗思柴尔德木桐酒庄每年都委托一位新艺术家设计酒标。很多人随之效仿。然而没有人能达到罗斯柴尔德木桐酒庄的水平。

艺术家们给葡萄酒的标签作画时有报酬的。夏卡尔（Chagall）和他强大的1970年是极其幸运的。超过米罗（Miro）和康定斯基（Kandinsky），他俩的费用在1969年和1971年是相对较低的

这是 1924 年木桐罗斯柴尔德酒庄的第一个酒标。让·卡路（Jean Car-
lu）的激动人心的设计是立体主义在商业艺术中最伟大的样本之一

VINTAGE PORT

VINTAGE   1931

SHIPPER }
BOTTLER } QUINTA DO NOVAL

RECORKED

Whitwhams Wines Limited
Hale, Altrincham, Cheshire

这可能是有史以来最著名的波特酒了。但是那时他们没有玩弄那种奢华的展示。实际上，它有非
常好的一个纸质酒标签。而且这酒的味道棒极了，但我的学院仍然没有建成新的图书馆来展示它

杜诺瓦酒庄国民酒

我喝了世界上稀有的波特酒，杜诺瓦 1931 吗？尝了一点儿吗？我可是已经醉了，老男孩。回去再喝，直接对着酒瓶一饮而尽。给我满上一壶皮姆酒。

波特酒爱好者们听到我讲这个故事时大惊失色：他们额头冒汗，伸手抓住扶手以免因愤怒而崩溃。可耻！亵渎！难以置信！但它确实是真实的。我当时还在一个非常富有的大学里的一个非常贫困的学院读书。我们支付电费已经捉襟见肘了，更不用说去建设新的图书馆库和展开科学的翅膀。但是有一件事我们比任何人了解得都多。我说的任何人是包括全世界，这件事就是 1931 杜诺瓦葡萄酒（Quinta do Noval 1931）。当时有一个地方遍布着酒窖。所以，在一个夏天的晚上，我的朋友安德鲁说："来参加一个品酒聚会吧。"当时我正在打板球，但回头一想我应该去参加，因为他身边总有一群魅力女子和他谈情说爱。于是我急忙赶到，出了点儿汗，口有些渴。"喝点儿这个，老男孩"。他竟然叫我"老男孩"！他递给我半瓶葡萄酒，却没有酒杯，只有酒瓶，酒就是 1931 年杜诺瓦。他的别墅屋顶露台上挤满了迷人女孩，每个人手里都拿着半瓶 1931 杜诺瓦。我不知道其中一些人没有吸管。

好吧，我把它喝了。坦率地说，我感到惊讶，因为我听说过此酒的传奇品质和昂贵的价格。我估计那个晚上我们喝掉的酒够给学院买半座新图书馆大楼。然而我没有做笔记。但为什么它这么罕见，这么贵，这么好呢？OK，我来告诉你，大多数的波特年份酒是用各种别墅或农场的自产葡萄酒混合而成的。其中最大的生产商，只有杜诺瓦是一个产地酒庄。传统上的波特酒发货人，就像香槟生产商们那样，常说"哦，混合总是更好的，就像集合比分离更好一样"。我们从此不再相信香槟，也不再相信波特酒的故乡杜罗河谷。

不仅仅只是杜诺瓦酒来自这个河谷上方难以置信的美丽梯田，那里的几排葡萄藤只有 6 英亩，从未被 19 和 20 世纪欧洲的葡萄根瘤蚜虫摧毁。虽然这一小块葡萄园在 1925 年重新种植了本土图丽佳（Touriga Nacional）葡萄，这种葡萄藤蔓有着自己的根系，没有经过嫁接，产量很少，几乎是本地普通葡萄产量的一半，果实很小，但糖分极高。所以在 1931 年，这些葡萄藤只有六岁，年轻的葡萄藤不应该能产出好红酒。我只能说，在 20 世纪的波尔多，1961 年可能是最伟大的年份，因此在经过 1956 年霜冻灾难后，许多葡萄藤那时只有五岁。

然而罕见的事情出现了。1931 年，全世界都深陷在大萧条中。在事情变得更糟糕之前，有一大批一流质量的 1927 波特年份酒，出口到了英国这一最重要的市场，英国人购买了大量的葡萄酒。然后艰难时刻真的到来了，没有什么生意可做。然而那些酒商们的地窖里贮存着尚未出售的 1927 波特酒，因为大多数人决定他们的钱肯定不会用来买波特酒。所以，当时就有人悄悄放风出去，说 1931 年的酒和 1927 年酒一样好，可能还会更好，尽管葡萄酒商界都不想承认。波特酒的船运是英国的一项主要工作，但在 1931 年他们却背过身拒绝了。然而非常有趣的是，一个孤独的英国商人在 1931 年冒了一次风险。他的名字叫巴特勒（Butler）。他尝过 1931 年份酒后大吃一惊，他认为这可能是有史以来最好的年份酒。但每个人都排斥 1931 年的混合酒，除了一个酒庄：杜诺瓦酒庄。巴特勒请求他们制造年份酒，如果他们做，他将买下绝大部分酒。他没有食言。

诺瓦尔（Noval）于是生产了 6000 打 1931 年份酒，其中只有几百打 1931 国民酒（Nacional）。它的所用原料都是来自那一小片未嫁接的葡萄藤。我喝过它吗？当时并不是所有的国民酒都贴有标签，是这样的吧？不管怎样，为什么我的学院存有这样的酒？是因为当时价格只是 30 便士一瓶，比 1927 便宜多了。他们可能只是趁便宜而囤积。祝福他们。

1935年
原产地名称管制

只有当欺骗、造假和欺诈令人无法忍受时，才会有人出来说，够了！我们只是试图做些规范。在20世纪来临时，没有什么地方的作弊造假和欺诈比法国葡萄酒行业更甚了。

作弊已经在酿酒业存在很长一段时间了。你只需要读读过去时期的英语作家们的作品，例如佩皮斯（Pepys）、莎士比亚和乔叟（Chaucer），就会发现里面有很多生产假酒的配方，包括波尔多、勃艮第、香槟、波特、雪利酒或是萨克。酒馆卖的饮料都声称是精品，但可能却是在几周之前在码头仓库里造出来的。然而在20世纪初有了比以前更有力的社会管理力量。葡萄根瘤蚜虫祸害了许多法国的葡萄园，然后又蔓延到了欧洲其他国家，因此真正的好酒都在涨价，每年有一百万吨的葡萄干被进口到法国南部，经过开水煮过后用于酿酒。塞特港（Sète）成了主要的输入港口，迎接贴着西班牙、意大利和阿尔及利亚（Algeria）等北方出口地标签的产品，包括波尔多、勃艮第或偏僻的艾米达吉（Hermitage）等一级酒庄。从法国南部到北部的香槟地区还发生了针对造假币的社会骚乱。最后政客们采取了行动，先是当地立法，然后是国家法令相继出台，简单陈述为：葡萄酒必须"由新鲜葡萄或葡萄汁经过专门的酒精发酵"而成。这是一个开始。下一步是只有限定区域的葡萄园才可以使用一个特定的名称，如夏布利（Chablis）或波尔多。政治力量之所以介入，是因为除了它谁又能来决定的边界的划定呢？你是否处在某个特定区域内或者区域外，你的收入将大受影响。

洛克福（Roquefort）提出了"奶酪"主张，回答了相关问题。人们都知道，最好的法国奶酪是在一个特定的区域内生产的。奶酪的原产地与葡萄酒的产地一样重要，但法令没有提到奶酪必须是用母羊的奶制作的，他们很快对此做了修正。一个叫卡布斯（Capus）的人将这个概念用在了葡萄酒上，在另一个法令里添加了如下表述：不同的葡萄酒只能使用"经本地已确立的忠诚习俗而神圣化的

葡萄品种"。法国原产地管理证明（French Appellation Contrôlée）的框架，或叫原产地管理（Controlled Appellation）系统得以形成。1923年，勒罗伊男爵（Baron Le Roy）在沙托纳迪帕普（Chateauneuf-du-Pape）提出了进一步的细化，要求只有分隔区域内合适的土地才能被允许使用本地名称。1935年，法国建立了国家原产地管理委员会（Comité National des Appellations Contrôlées），就是现在的国家原产地管理研究所（Institut National des Appellations d'Origine）。然而这一名称控制（Controlled Appellation）系统很容易被视为对创造和创新的阻碍，这很可能会有的，但重要的是这种方法确立的规则是要保证原产地及材料的可靠性，以及规范最大产量、剪枝方法、酒精度和酿酒程序。

纵观全球，当其他政府试图设置一个原产地名称管制系统时，它们首先要参照的便是法国的做法。

这是玛歌酒庄在原产地管理证明实行之前的一个了不起的旧酒瓶。没有标明年份，但是有人告诉我它出产于1900年；也没有产地名称，这是布拉德福特（Bradford，一个丝绸家族企业）装的瓶。但它最大的卖点就是酒瓶底部的凹进。

左图：高提亚酒庄（Château Fortia）是勒罗伊男爵的产业，在 1923 年推动了原产地管理证明的建立。这是真实的吗？可能是。但我不能肯定。这是在卢顿（Luton）装瓶的一款酒

右图：这是英国市场上典型的一瓶努依圣乔治（Nuit-Saint-Georges）葡萄酒，在 1973 年加入欧盟之前，他们也被迫遵守原产地管理法律。你在酒标上找不到原产地管理证明。不要奇怪。大多数努依圣乔治在 20 世纪 60 年代的英国是混合后在伊普斯维奇（Ipswich）（英格兰东部一城市）装瓶的。实际上，这是在法国装的瓶，味道很好

这个现代的唐培里侬香槟王酒瓶很像原始的 18 世纪香槟酒瓶。很高兴看到他
们选用了永恒的优雅作为名望的标识，而不是时髦设计师那种无尽幻想的狂野

1935年
顶级香槟

顶级香槟没有在正常的葡萄酒饮者中获得广泛的赞美。因为它极其昂贵，似乎往往只有名流和那种挥金如土的欧洲纨绔子弟才能喝得起。

如果你接触到那些炫目的无用之谈，你可能会恼怒于大量灿烂的泡沫甘露灌入了名流上层的愚蠢喉咙。作为酿酒师艺术尖峰的顶级香槟也是如此，它们或是个性充沛或是毫无内容？或者尽管它们用交际花的华服盛装扮将起来却无法成为想象中的美酒？好吧，我承认有一些酒瓶有着很长的传统。但简单高雅的唐培里侬酒瓶确实比漂亮的梨形和细长的颈瓶具有惊人的表现力，比如顶级酩悦（Moët & Chandon's Prestige Cuvée）香槟的声望，因为它回到了 1735 年，当时皇家法令（Royal Decree）将香槟酒瓶的尺寸和质量做了标准化的规定。在二百年后的 1935 年，酩悦生产了几百瓶与原始经典非常相似的香槟，作为向大萧条（Great Depression）残迹的唐培里侬——这个恬不知耻的第一豪奢品牌——的蔑视回击。他们现在生产了更多的唐培里侬香槟王，它几乎可以被指控有罪，因为品牌成功到几乎能垄断市场。除非你品尝了一瓶成熟的葡萄酒，否则你不会理解其中的问题。

王妃水晶（Roederer Cristal）是另一个非常成功的顶级香槟，它看起来似乎是真正的独到，直到"克里斯（Cris）"风靡纽约音乐界，我这里说的不是莫扎特（Mozart）。它有一个无色透明玻璃酒瓶，外面包着一层橙色玻璃纸。这只是一个渲染吗？不，它有一个很好的理由。虽然王妃水晶第一次商业发布是在 1945 年，它在俄罗斯的名气却是始于 19 世纪中叶。部分原因是路易王妃罗德尔（Roederer）毫不留情地戏耍了爱吃甜食的沙皇亚历山大二世（Czar Alexander II）。他们不仅向俄国法院要求增加 20% 的利口甜酒，而且还另外增加了一定数量的黄色荨麻酒（Chartreuse）。为了在沙皇的餐桌上区别葡萄酒和其他食物，王妃拿来了一只无色透明的酒瓶，为沙皇专用，其他人则用绿色的瓶子。如今，一杯正

常成熟的克里斯特（Cristal）葡萄酒无比迷人干爽。

尽管这些顶级香槟是供富人和名流喝的，酿酒公司也当然要尽可能多地收取他们的钱财。他们也会尽可能多地利用世界流行的音乐、电影和时尚。皮耶爵（Perrier-Jouët）在一家夜总会推出了令人印象深刻的美好时代顶级香槟（Belle Epoque Prestige Cuvée），用来庆祝杜克·艾灵顿（Duke Ellington）的 70 岁生日。白雪香槟（Piper-Heidsieck）则在 1999 年正式推出了一批超级酿造葡萄酒，并由让·保罗·高提耶（Jean Paul Gaultier）为其设计了"衣装"。但是对于所有的细腻泡沫，大部分由严谨的的生产商酿造的顶级香槟真的都是从他们最好的葡萄园里严格选择出来的原料，而且是在最好的年份里采摘的。对于这样的产品，你得付出相应价格。

王妃水晶香槟是沙皇亚历山大二世的最爱。橙色的玻璃纸是为保护洁净的玻璃瓶被阳光直射，即使在沙皇俄国这也不是一个常见的商品

让·保罗·高提耶为白雪香槟（Piper-Heidsieck）做的包装设计

1936年

博利厄赤霞珠

如今赤霞珠（Cabernet Sauvignon）和纳帕谷（Napa Valley）这两个词密切相连，你会认为它们作为合作伙伴，是从第一株葡萄藤种在山谷里的那一刻开始的。

事实上，赤霞珠是一个慢热型的发动机，葡萄品种诸如仙芬黛、神索（Cinsault）、夏瑟拉（Chasselas）以及米申（Mission），都跑到它前面占据了主要的种植地位。大约在1880年，一个叫克雷布（Crabb）的家伙可能率先在奥克维尔（Oakville）种植了纳帕山谷里的第一棵赤霞珠，奥克维尔的图·卡隆葡萄园（To-Kalon）现在是纳帕谷著名的赤霞珠葡萄园之一，是顶级蒙达维酒（Mondavi's top Cab）的原料地。在19世纪80年代，波尔多葡萄品种的比例不足总数的5%，到了90年代，葡萄根瘤蚜虫肆虐葡萄园，矛盾的是，禁酒令没有取得效果，但葡萄园却因"家庭酿酒"而繁荣兴旺；当然人们需要的是皮厚耐寒的葡萄品种，比如阿利坎特紫北塞（Alicante Bouschet）和佳丽酿（Carignan），而不是赤霞珠（Cabernet）或梅洛葡萄（Merlot）。

此时出现了一道希望的曙光。一位叫乔治·德·拉图（Georges de Latour）的法国人在19世纪末开垦了一个名为博利厄（Beaulieu）的葡萄园，从1909年开始生产葡萄酒，他的赤霞珠苏维农（Cabernet Sauvignons）红酒迅速成名。他之所以能在禁酒令时期活下来，是因为他得到了旧金山大主教（Archbishop of San Francisco）的批准，为宗教活动提供圣酒，这是当时钻禁酒令空子的方法之一。这让博利厄持续提供圣酒一直到1978年！所以当1933年禁酒令结束时，博利厄成为纳帕谷唯一仍在营业的酒厂和完善的赤霞珠葡萄园。大多数状态不佳的葡萄酒则批量廉价清仓，每年只有少量的赤霞珠红酒用小木桶保留下来，后来成为纳帕山谷的宝贵基础。一位叫安德烈·柴利斯契夫（André Tchelistcheff）的俄罗斯移民提供了点燃纳帕燎原之火的火苗。安德烈于1938年来到法国，训练有素的他掌握了与法国同步的全套最新技术。

柴利斯契夫在纳帕山谷发现了一些几乎荒芜的葡萄园，还有几个没有温度控制的锈迹斑斑的破旧的酒厂，没有迹象显示这里多么重视清洁卫生。在博利厄，路易·巴斯特（Louis Pasteur）的灭菌方法从来没有渗透到这个旧酒厂的葡萄园范围，正在陈化的1936年赤霞珠苏维农葡萄酒的橡木桶堆满了屋子，他在这里看到了未来。柴利斯契夫试图说服博利厄专门生产赤霞珠红酒，没有成功；但他打算将纳帕山谷两个小村子[卢瑟福（Rutherford）和奥克维尔（Oakville）]的赤霞珠打造成世界级红酒生产地。他将他的1936年份酒命名为"乔治拉图私人珍藏赤霞珠红酒"（Cabernet Georges de Latour Private Reserve），作为向博利厄创建人的致敬，在后来的35年中，他一直生产意义深远、有纪念价值的赤霞珠红酒，为纳帕的葡萄酒商们设立了标准并帮助了他们。由于震惊于关键技术的缺乏，他在1947年成立了纳帕山谷葡萄酒技术集团（Napa Valley Wine Technical Group），为80多个葡萄酒厂提供技术咨询；他还担任了索诺玛（Sonoma）、帕索罗伯斯（Paso Robles）、圣芭芭拉（Santa Barbara）和加利福尼亚州其他一些酒厂的顾问。当他听到俄勒冈（Oregon）州和华盛顿也在建设酒厂后，他也立即赶去相助。乔治拉图私人珍藏赤霞珠红酒（Georges de Latour Private Reserve）是现代纳帕第一款伟大的葡萄酒，毫不夸张地说，安德烈·柴利斯契夫是数以百计酒厂的灵感和指路人。

柴利斯契夫（Tchelistcheff）在博利厄整理他的赤霞珠葡萄

加利福尼亚州的一个历史性的酒瓶。我曾经在邻近的葡萄园里为它拍摄了一整天，它有着 40 年的历史，但状况依然很好，比新鲜的葡萄酒还充满生气

就是这个酒瓶引发了一百万个浪漫故事，包括我的母亲，后来作为烛台，又在幸福的婚姻中增加了一份浪漫

1942年
蜜桃红葡萄酒

我不能完全肯定这是真的。不对，这是真的，它必须是真的。因为是母亲告诉我的。不可否认，她是一个虔诚的基督徒，从不会因个人情感去妨碍一个好故事。然而因为没有其他证人，所以我们从这里开始。

当父亲在第二次世界大战结束后回到家乡，他和母亲去了一间叫做拜戈欧内尔（Bag O'Nails）的地下室俱乐部，就在伦敦皮卡迪利（Piccadilly）大街附近，应该是一处相当时髦的地方。那时候，他们刚刚结婚，父亲带着母亲和鼓鼓的钱包，决定挥霍一回。他叫来侍应生点了一瓶香槟。"啊，先生，"这位高大英俊的"地下工作者"说，"我可以为您上一瓶香槟，但现在的新时尚酒更好，粉红色的葡萄牙起泡葡萄酒，玫瑰蜜桃红（Mateus Rosé）。"父亲曾经在丛林里过了五年，所以对侍应生的巧言推销没有分辨力。于是他就改叫了蜜桃红。我从来没有见过这款酒的品尝记录，但是我妈说它比香槟贵很多。我相信肯定是这样的。

一瓶玫瑰蜜桃红，竟然比香槟更时尚、更昂贵！这怎么可能呢？当然它是新酒，当我爸爸离开本岛向东进发时，它甚至还没出生。的确，葡萄牙的粉红葡萄酒此前几乎是闻所未闻，粉色起泡葡萄酒更是如此。但在战争深入之际，葡萄牙是中立国，你可以借机玩一些赚钱的把戏。然而波尔图的葡萄酒生意陷入了困境。波尔图是葡萄牙港口贸易的中心，但战争切断了它的大多数传统市场，例如英国和北欧，其港口运量降至有记录以来的最低水平。这意味着有大量红酒交易废除，大量过剩的葡萄无法销售。

有30位生意伙伴成立了一家新公司，跨越大西洋直接向几个他们尚能够到的市场出口葡萄酒，例如说葡萄牙语的巴西。但这必须避开德国U型潜艇的袭击。他们在杜罗河北面的维拉瑞尔（Vila Real）港租下了一个破厂房，以联营的方式自己酿酒，最初都是红葡萄酒和白葡萄酒。费尔南多·范·泽勒·古埃德（Fernando Van Zeller Guedes）认为他们错失了一个机会，因为清爽的起泡"葡萄牙绿酒（Vinho Verde）"在巴西很受欢迎，用"葡萄牙绿酒"的风格生产轻微起泡的粉红葡萄酒，肯定是消化过剩的黑色葡萄的好方法。说起来容易做起来难。葡萄牙没有酿造粉红葡萄酒的传统，多次试制失败后，他们聘请了一位法国酿酒师，他们给他取了个绰号叫"小戴高乐（de Gaulle）"。这位酿酒师教给他们如何酿造新鲜的、轻微起泡的、不太干爽的玫瑰葡萄酒。

由此他们有了自己的葡萄酒。现在他们需要相应的酒瓶和一个品名。酒瓶的选择是基于传统的葡萄牙扁圆长颈瓶，在第一次世界大战期间，士兵们曾随身携带着它。酒标则选用了一座美丽的18世纪巴洛克式宫殿的图片，它正好离酒厂不远，而且恰巧叫做蜜桃红（Mateus）。为了获得宫殿的名字和形象的特许使用权，古埃德（Guedes）为房主提供了两个选择：每瓶酒50美分的特许使用费和一次性支付一笔费用。你肯定不敢相信业主的选择。他们竟然选择了一次性支付。此酒在1942年推出后，销售了数以百万瓶，但人们仍不愿多聊此事。

优雅美丽的巴洛克风格的蜜桃红酒庄。你却看不到里面的主人正咬牙切齿地叫喊："我们为什么不按产量每瓶都收取特许使用费？"

1945年
纳粹葡萄酒

对于钟爱文化、艺术和生活里一切美好事物的人来说，很多"二战"往事片段，多年后依然令人心悸。

我们这些生活在 20 世纪西方文明里的人，几乎不可能体会到战争是何等的惨无人道、撕心裂肺。国土沦丧、财产消弭、工作生活朝不保夕；占领者耀武扬威地穿行在你家门前，为所欲为，任何反抗都会遭到镇压，你的生命甚至都比不上一只流浪狗。这就是 1940 年德国占领法国后，这个国家的真实境遇。

法国遭受了典型的屈辱，德军风卷残云般劫掠了他们所能找到的所有黄金、珠宝、艺术品、雕塑甚至豪车。但是仍有一些东西在全世界唯法国独有，就是——它会酿造世界上最好的葡萄酒。德国人知道这一点，而且他们也需要随时享用。

在某种程度上，德国人也得到了它们。大量法国产的上佳的波尔多、勃艮第和香槟酒被搬运到了德国。究竟有多少？上帝也挠头的数量。陆军元帅戈林[1]（Field Marshal Göring）酷爱锦衣玉食，追求奢侈享受的他总是贪得无厌，这位内行的奢侈品鉴赏家对法国来说却是一个不幸。还有戈培尔（Goebbels）和里宾特洛甫（Ribbentrop），也是一丘之貉。希特勒（Hitler）却与他们不同，他不怎么喜欢葡萄酒的味道，只喜欢胜利和征服的滋味。他也许没有兴趣品尝这些战利品，但他仍然想建历史上最伟大的酒窖。他也确实做到了。在希特勒孵出"千年帝国计划"（Thousand-Year Reich）的阿尔卑斯山（Alpine）"鹰巢居"（Eagle's Nest）的酒窖里，存储了约 50 万瓶最好的法国葡萄酒，都是从法国葡萄庄园里掠夺来的。

在德国统帅部里也曾有一些人对于掠夺法国持谨慎态度。戈林却说："我就是要抢，撒开了抢。"他的老板希

特勒也有类似的意见。"我们没有什么报偿，但要获得一切。"这就是他的说法。于是，法国酒的精华，19 世纪的年份葡萄酒，诸如罗曼尼康帝（Romanée Conti）、木桐罗斯柴尔德（Mouton Rothschild）酒庄、拉菲正牌（Lafite Rothschild）、拉图（Latour）和伊奎姆甜白（d'Yquem），都进了他的"鹰巢"。1945 年 5 月，一个来自香槟地区的年轻军士吃力地第一次打开酒窖门，看到里面高高地垛着成箱的"沙龙 1928"（Salon 1928）。沙龙（Salon）是最高级香槟酒的专有商标，1928 是世纪古董的年份。幸运的是，希特勒既没有时间也不喜欢喝它。所有这些珍贵的瓶子（当然也少了一些——为解放者解渴和提神而消耗）又回到了法国的明珠香槟，回到了它们属于的地方。

希特勒在 1943 年生日那天送给将军们的富热维红酒（Führerwein）

口渴的胜利者——美国第三步兵团（the 3rd U.S. Infantry）的军官们正在悠闲地喝着希特勒的私人藏酒

1. 戈林：此处应为空军元帅。戈林是飞行员出身，创立了德国空军。1940 年德国打败法国后，希特勒将其晋升为"帝国元帅"，高于德国各兵种元帅。——译者注

战时的波尔多和勃艮第年份葡萄酒。这些瓶子里的酒可能是真的，法国人都是能正确鉴别瓶子标签、识别假冒酒的大师，但希特勒做不到

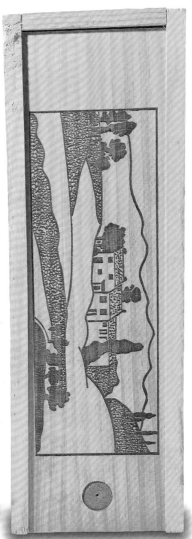

波尔多酒庄现在被简称为杜普莱西斯
（Duplessis），它与首次聘请佩诺去
咨询的公司在相同的地方

玛德玛嘉萨红酒（Mas de Daumas Gassac），产于法国南部的蒙彼
利埃（Montpellier）附近；经过佩诺教授指导他们如何处理波尔多葡萄，
尤其是赤霞珠，以及如何以他的波尔多方式酿酒之后，这款酒成为迷迪
（Midi）的第一个一级酒庄酒

"现代酿酒学之父"埃米尔·佩诺。他的研究引导
葡萄栽培者及葡萄酒酿造厂改造了波尔多葡萄酒

1949年
埃米尔·佩诺

真应该在杜普莱西斯酒庄（Château Duplessis-Hauchecorne）竖立一座雕像。他们在 1949 年率先聘请了埃米尔·佩诺（Émile Peynaud）教授，可以说是该酒庄将波尔多葡萄酒带入了现代时期。

现在葡萄酒业很多事情是被我们视为理所当然的：葡萄园里果实的成熟，葡萄藤蔓健康地成长，葡萄酒味醇净且均衡，橡木酒桶的温柔的亲吻，甚至酒入瓶后不再发酵。在波尔多，现在所有这些事情都在计划之中。然而，在埃米尔·佩诺教授到来之前，事情却不是这样的。

所以我们现在谈论什么呢？首先，佩诺对于过去二百年的葡萄酒成就完全不屑一顾。他说，事实上那些都不是成就，那是自然的馈赠。换句话说，在那些年代里，对于葡萄园和酿酒厂，运气是比技术更强大的一个因素。他说，在上好的年份酒中，你会发现相当多的上好的年份酒得益于在好年景里收获了好成色的葡萄，以及它们含有足够的单宁、酸分子结构、丰富的糖分，以及没有被"瞎猫碰死耗子"般不科学的酿酒技术毁在地窖里；若赶上不好的年景，几乎没有多少好酒产出。某些情况下，一瓶都没有。佩诺坚信自己能够通过应用适当的基础科学知识，强调逻辑化管理，就可以改变葡萄酒生产的面貌，消除偶然现象的发生。

佩诺明明可以在他执教的波尔多大学（Bordeaux University）的讲台上授业解惑传道，但他知道大多数葡萄酒厂主忙于葡萄园劳作而没有时间静坐课堂聆听讲座；虽然他写了一些开创性的著作，我都荣幸地拜读过，但他知道大多数业主难以在晚上坐在壁炉旁喝着可可阅读他的文字。所以他骑上脚踏车，一个接一个地访问这些酒厂。他提供了数以百计的咨询，而他的目标就是一次又一次地拜访他们，面对面地解释他要使这些生产者在葡萄园和酒厂里做的事情。

在葡萄园，他坚持将腐烂的葡萄丢弃（他们从未这么做过），种植者应该严格评估葡萄的成熟度，并且只在成熟期采摘。还有，在坏年景里，多数种植者把葡萄留在藤上直至秋季到来，以期待成熟；在好年景里，他们则过早地采摘，以求尽可能大的产量，从而浪费了数周的秋季阳光。他还说服他们将不同品种、不同成熟度的葡萄分别发酵。

在酒厂里，他反复灌输清洁的重要性，丢弃那些又脏又破、细菌滋生的水缸和橡木桶，更换为不锈钢水缸和新橡木桶。他也意识到缺乏温度控制是一个噩梦，因为失控的发酵很容易停滞，而使酒变成醋，而且细菌在温暖的条件下将以几何倍数快速繁殖，无论如何这都是必须要改变的。所以冷藏酒窖是至关重要的，能够控制温度的大酒罐虽然昂贵但绝对必要。

他发现了乳酸发酵的奥秘——细菌活动将强烈的苹果酸变成柔和的乳酸，葡萄酒商常常将其视为在大酒罐中或是在酒瓶里的第二次发酵，但不知道是什么回事。佩诺揭示了这是红酒柔化过程中的一个关键阶段，它必须得到控制，也是可以控制住的。这种柔化与橡木桶温和香辛的温暖同属一类，它们共同创造了一个全新的、醇美的波尔多红酒类型。他坚持严格选择橡木桶，改造了不符合规则的第二个酒标，并在 20 世纪 70 和 80 年代为波尔多创建了一个新的深度和高度。正是佩诺教授为波尔多红酒开启了进入现代纪元的大门。

田庄艾米达吉葡萄酒

如果你要造就伟大的葡萄酒，首先你必须有想象力。你可以找到葡萄，你可以买到橡木桶并设计酒标，但是如果你没有对味道的想象力、没有无数的愿景在你的大脑里翻腾，你便永远不会造就伟大的葡萄酒。

马克斯·舒伯特（Max Schubert）一定具备相当强的想象力。1950年，他在西班牙一个雪利酒地窖周围徘徊，空气中充满雪莉酒发酵的甜酸味道，他心里正在闪现着一款伟大的红葡萄酒的愿景，他突然意识到自己能够做到。因为他不是在闻雪莉酒味，他是在嗅闻木头的味道，甜甜的、香辛的、烟熏味的美国新橡木的味道。他从来没有闻到过这种由酒和新橡木交融的奇异味道。几周后，他又在波尔多闻到了它，并且品尝着这款用过度成熟的赤霞珠和梅洛葡萄与新橡木桶混合出的1949年份酒。所有这一切都与许多波尔多旧酒瓶结合在一起，他最喜欢的是1916年的乐夫普勒（Léoville-Poyferré），这是主人特地为他打开的，向他展示结构化的橡木红酒可以陈化到何等的优雅的程度。于是，他回到澳大利亚，带着要酿造出伟大的澳大利亚的红酒的梦想，投奔向他的雇主——奔富酒庄（Penfolds）。

可惜澳大利亚没有新的小橡木桶，没有珍贵的小粒赤霞珠和梅洛葡萄。所以他便采用澳大利亚的方法：他用能搞到的最好的西拉子（Shiraz）葡萄，那里有很多。他在阿德莱德（Adelaide）附近选择了两个很酷的旧葡萄园，他还四处讨要或借用各种各样的新木桶，他终于找到了五个相当小的美国橡木桶。于是从此开始，以波尔多为蓝本，他要以澳大利亚独有的方式实现他的红酒愿景。他为此起了一个名字——田庄艾米达吉（Grange Hermitage），Grange最初是彭福尔德博士（Dr. Penfold）房子的名字，Hermitage则是法国最负盛名的西拉子葡萄园。他的第一瓶田庄酒出自1951年，但它直到1960年才开始摆脱深沉的单宁和沉思的个性，展示出令人兴奋的混合香型，酒里混合着香柏（cedar）和黑醋栗（blackcurrant）、焦油（tar）和松烟（smoke）、牛血、皮革和甘草（licorice）

的味道，一种深刻的、值得纪念的平衡，这种平衡能令你想到像是把那些伟大的葡萄酒——波尔多、勃艮第和罗纳（Rhône）混合在一起，片刻之间，你便意识到你不需要与此前任何伟大的法国葡萄酒做比较。这是真正的原创。与任何欧洲葡萄酒一样的好酒，一款独特的澳大利亚葡萄酒。

起初几乎没有任何人喜欢田庄酒（Grange）。因为早期的它口感硬朗、味道令人费解，就像上好的波亚克（Pauillac）或艾米达吉（Hermitage），老板彭福尔德在1957年命令马克斯停止生产它。但马克斯是一个坚韧不拔的家伙，他坚持在管理人员从不去的阴暗的酒窖角落里酿造，他坚信他的杰作所需要的只是贮藏陈化的时间。到了1960年，他终于给他的老板展示了其源自1951年的自豪。任何人的理想都不应该被否定。它一扫数代人的文化畏缩和自卑感，开创了澳大利亚葡萄酒的现代纪元；现在，它也许是世界上最自信的葡萄酒国家。

左为引领现代澳大利亚葡萄酒最初阶段的酒标，极其朴素低调。它甚至不说自己是澳大利亚葡萄酒

右为现代田庄酒标，依然素雅不浮华。我尤其喜欢其左上角向马克斯·舒伯特致敬的做法

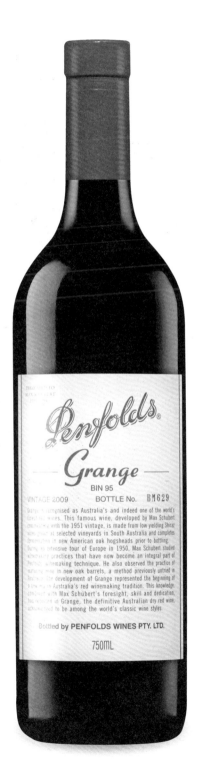

Penfolds Wines Pty. Ltd.

VINTAGE 1951

BIN 1   BOTTLED 12-2-52

GRANGE HERMITAGE

NET CONTENTS 26 FL. OZS.

Penfolds

Grange

BIN 95

VINTAGE 2009   BOTTLE No. BM629

Grange is recognised as Australia's and indeed one of the world's
finest red wines. This famous wine, developed by Max Schubert
commencing with the 1951 vintage, is made from low yielding Shiraz
wine grapes at selected vineyards in South Australia and completes
fermentation in new American oak hogsheads prior to bottling.
During an extensive tour of Europe in 1950, Max Schubert studied
winemaking practices that have now become an integral part of
Penfolds winemaking technique. He also observed the practice of
maturing wine in new oak barrels, a method previously untried in
Australia. The development of Grange represented the beginning of
a new era in Australia's red winemaking tradition. This knowledge,
combined with Max Schubert's foresight, skill and dedication,
has resulted in Grange, the definitive Australian dry red wine,
acknowledged to be among the world's classic wine styles.

Bottled by PENFOLDS WINES PTY. LTD.

750ML

巴卡维拉——杜罗河的第一大宴会葡萄酒。这个酒瓶是自 1952 年第一款年份酒面世以来的第十款设计

1952年
巴卡维拉葡萄酒

葡萄牙杜罗河地区跻身欧洲一些最精致的宴会葡萄酒产地之列的历史非常短，那里红葡萄酒和白葡萄酒都有出产，但绝大多数是红酒。的确，事实上它是一个21世纪的现象。但它的开端是始于1952年。

杜罗河红酒的惨淡总是令我感叹。如果你在波尔图（Oporto）港和波特酒的发货人共进晚餐，总会有人因为它而向你表示歉意。他们在热情地不断为你斟满凉爽的波特白葡萄酒（他们为这种难以消化的饮料感到非常自豪）之后，还会舀出一盏经过烘烤的、浓郁粘稠的深色红酒，因为需要用它来配主菜，然而他们的注意力依然是在甜口的强化波特红酒上，直到夜深尽兴而归。如果你是在杜罗河谷与这些发运人共进晚餐，饮波特白葡萄酒一样是常规程序，但在阳台上边俯瞰着河流边品尝，更让人心旷神怡。这款酒浓郁味厚、甜蜜粘稠，被视为是基本的当家葡萄酒。当然，波特陈化年份酒的绝佳口感会激发人们诙谐的谈话并对这些酒做内行的品评比较，同时也会使你陷入沉睡。一位驻波尔图的英国领事在1880年这样写道：杜罗河餐酒是一种"有劲、粗糙、味道较淡的葡萄酒。如果一个男人向一杯很常见的勃艮第红酒里加入六滴，味道就会变得如同未强化的波特酒一样"。以我的一些体验，他的评价很仁慈。

问题在于，过去运到英格兰的杜罗河葡萄酒都是干型且未经强化的，英国人喝它是因为它便宜，法国葡萄酒则因为战争来临变得难以获得。他们称之为普通红葡萄酒（blackstrap）。在80世纪期间曾经流行甜口的强化波特酒，于是所有最好的葡萄园的最好的葡萄都被用于酿造它；那些尚未成熟的葡萄，或者更可能的是那些腐烂的葡萄和葡萄干则用于做餐酒。甜口的波特酒是用糖来掩盖其粗糙和不洁，干型餐酒则能暴露出它所有的缺陷，特别是当葡萄在生产波特酒过程中因未经细致加工处理会造成一些失误，这种事情很常见，直到最近才消失。事实上，一些主要的波特酒厂过去也制造最廉价的餐酒，最值得注意的是费雷拉（Ferreira），专产精品茶色波特酒的最大的酒厂之一，决定在杜罗河谷生产体面的干红葡萄酒。1950年，他们派出他们的技术总监费尔南多·尼古拉·德·阿尔梅达（Fernando Nicolau de Almeida），去波尔多学习如何把红葡萄酒酿得如此精致和平衡。

当他回来时，他知道将从他的手上展开一场战争。波尔多处于温带区域，用赤霞珠和梅洛葡萄酿造世界上最好的红葡萄酒已有几个世纪的经验。他选择的地方是靠近西班牙边境的杜罗河谷一片高地，那里的条件是热带气候，没有赤霞珠和梅洛葡萄，因而他的酒厂被认为不合时宜。他也没有现代印刷机，没有橡木桶，甚至没有电力来冷却发酵。他把用本地火车从波尔图上游运来的冰块覆盖在锯末上，让正在发酵的葡萄汁流过它们以防止沸腾。不知怎么搞的，到1952年，他出产了第一款巴卡维拉葡萄酒，直到现在它还是第一杜罗河餐酒，而在当时却默默无闻。没有人为杜罗河葡萄酒打蜡增辉唱抒情歌，也许那时没有人捧场，而现在却是有很多人为它称颂了。万事总是开头难。在第一个40年中，直到1991年，只生产出12款巴萨维拉。但其本身的品质赋予了自己的产地作为葡萄牙仅有的一级红葡萄酒庄的传奇地位。

随着对甜味波特酒的需求衰落，更多的生产商，主要是那些在波特酒上没有获得良好的业绩的公司，因此可以凭开放的心态对待种植葡萄和酿造葡萄酒，他们推出了一系列精湛的杜罗河红酒：香味芬芳复合、标新立异原创，与欧洲任何地方的红酒迥然不同。其中许多酒现在已经超过了巴卡维拉（Barca Velha）。但是若没有费雷拉（Ferreira）和老阿尔梅达（Sr. de Almeida）在1952年的开拓，它们就不会有什么荣耀闪亮。

20世纪50—60年代
波尔多的影响

波尔多对于全世界葡萄酒行业的影响比其他任何地方都要深刻得多。它不仅仅是指无处不在的赤霞珠葡萄，还有那具有魔力般的影响，鼓舞着全球的葡萄酿酒师们为获取成功而奋斗

还有其他一些波尔多葡萄或多或少地被世界各地的葡萄酒选中。由此出现了各种风格的波尔多酒：红色、白色、甜的、干的，以及各自酿酒的首选方法。

在世界各地传播的波尔多葡萄酒的酿造方法是根据在葡萄园和酒窖中的实践得出的。因为大多数的新酒产地都是在比波尔多更温暖更干燥的地区，但对波尔多酿法制作单纯的拷贝可能是不够的，目标能否达成与其他因素密切相关，比如限定成熟葡萄的采摘率、葡萄的抽样、腐烂果实的处理，以及每个品种分别采摘和酿造，把低等级果实挑出来，用第二标签直接出售；在酒庄里，要更全面地理解"苹果乳酸的发酵"，不让这种发酵在酿制的诸多阶段或者装瓶后发生，才能批量地产出更柔和、更一致的葡萄酒。温度控制和清洁被认为是新世界（New World）给予欧洲的礼物，波尔多酒商在20世纪60年代为之付出了艰苦的工作。225公升的波尔多橡木桶（barrique bordelaise）被世界各地采用，因为过去用的木制容器都过于庞大、陈旧且脏，进入温度较高的仓库后会损坏大部分的葡萄酒。所有的这些元素都是源自波尔多的影响。

最初模仿的葡萄酒风格是浓郁、强烈、值得收藏陈化的赤霞珠苏维农葡萄酒，它们出自偏僻的山村，例如波亚克（Pauillac）和圣朱利安（Saint-Julien），以及一些酒庄（诸如拉图和拉菲罗斯柴尔德）。但是圣爱美浓（Saint-Émilion）和帕美诺（Pomerol）出产的那种基于梅洛葡萄的柔和的红酒风格，在过去的20年中都持续具有影响力。橡木桶发酵以及赛美蓉（Semillon）葡萄和长相思白苏维农（Sauvignon Blanc）葡萄的混合，创造了一个经典干白的风格，非常类似于南非、澳大利亚和新西兰的葡萄酒。法国的苏特恩（Sauternes）白葡萄甜酒也对这些国家以及北美洲和南美洲的餐后甜点产生了影响。

除了赤霞珠，梅洛葡萄也因其舒畅和丰富的味道产生了巨大的影响，不仅影响了加州、华盛顿和智利的葡萄酒，也影响到了全欧洲和远东地区。它没有赤霞珠葡萄的适应性强，但它成熟快，产量大。在欧洲的一些地区，它甚至推动了葡萄酒的复兴，但多数时候它只是生产了很多被人们遗忘的格罗格（grog）烈性红酒。

品丽珠（Cabernet Franc）是一种在波尔多不受重视的葡萄，但有资料显示在世界其他一些地区它却是最好的波尔多红

在这个以赤霞珠主导波尔多风格的世界中，拉图（Latour）是最强大的政治家活动家。拉康斯雍（La Conseillante）则完全反映出了梅洛葡萄原料的温和及醇美。从智利的卡门佳美娜酒（Carmenère）到乌拉圭的美乐酒（Merlot），波尔多的影响确实是全球性的

葡萄，例如维吉尼亚（Virginia）、乌拉圭（Uruguay）、巴西（Brazil）和加拿大，以及大男孩们都喜欢的阿根廷、智利和新西兰。味而多（Petit Verdot）也表现出它是一种优异的葡萄，色重、馥郁、晚熟，适宜于种植在较清凉的地方，例如阿根廷、智利和澳大利亚的温暖地区，以及像弗吉尼亚这种天堂般的地方。马尔贝克（Malbec）葡萄使得阿根廷成为它的新家，还有卡门佳美娜（Carmenère）。虽然伟大的波尔多葡萄在葡萄根瘤蚜虫害危机中迷失，但已成功地重新出现在智利和更加谨慎的中国。

上图：这是在诉讼被提起之前，穆沙（Mucha）于 1896 年在海报上借用香槟之名和上流社会的魅力出售美味的饼干

左：这瓶派乐达（Perelada）与科斯塔布拉瓦的西班牙"香槟"不同，在其酒标上清晰地称自己为"卡瓦"（Cava）

下图：一种罕见的"香槟"蜡烛，我们可以肯定地说它不是来自兰斯（Reims），更像是来自家乡郡（Home Counties）

J.宝林格起诉科斯塔布拉瓦葡萄酒公司

迈克尔·格里尔斯（Michael Grylls）那时还是一个学生，他带着一个聪明的计划，在一个阳光明媚令人懒散的暑期，从西班牙科斯塔布拉瓦（Costa Brava）回到了家。我不认为他会在几年后站在声名狼藉的伦敦刑事法院第一法庭被告席上，而他的宝贵计划被英国法律之鹰轻易地撕得粉碎。

一场关于葡萄酒名称使用的纠纷作为法律先例，不仅戏剧性地影响了英国葡萄酒业，也影响了世界葡萄酒业。

格里尔斯在科斯塔布拉瓦度假时曾经尝到过一些非常令人愉快的起泡葡萄酒，名字叫作派乐达（Perelada）。1958年，他创立了科斯塔布拉瓦葡萄酒公司（Costa Brava Wine Company）进口派乐达充汽饮料，他称之为"西班牙香槟"（Spanish Champagne）。他可能认为他已在这里站稳了脚跟。此时英国已有好几代人做西班牙勃艮第、西班牙格拉芙（Graves）、西班牙苏特恩白葡萄甜酒的进口生意了。英国酒商的大量进口挤掉了这些西班牙人的大部分生意。事情的核心在于英国人如何看待葡萄酒。酒真的是来自某个特别地方吗？苏特恩白葡萄酒是一个甜酒通用术语吗？勃艮第只是一款丰满强壮的红酒吗？香槟名称只是意味着产于巴黎东北的一种带有泡沫的葡萄酒，没有受到特殊原产地法律保护吗？如果一款西班牙葡萄酒自称"香槟"，是谎言和"假冒"吗？

现在我们可能会说"都是"。但这并没说清楚。这些香槟生产商就像一些富有的欧洲大陆恶霸群殴一个无辜的年轻的英国企业家。果然，当英国陪审团认定科斯塔布拉瓦葡萄酒公司无罪时，英国大众媒体集体欢呼。但在法国却不一样，英国葡萄酒业界也若有所思。确保真实性确实是一个可降低问题发生率的好方法。法国法律在原产地保护法律方面已经取得了很好的进展。

对他们来说其实重要的不仅是在法国，而是全球范围。在英国，没有人低级到把"香槟"这个名称用于在地理上完全与其无关的葡萄酒上。他们想要防患于未然。因为香槟极其倚重于出口利润，他们想要一个法律成例，以便在其他国家阻止生产商将"香槟"一词用于其国内的起泡饮料。

所以在1960年，以宝林格（Bollinger）为首的香槟出口商们发起了一个新行动，试图确立由他们共同拥有"香槟"名称的专用权。科斯塔布拉瓦葡萄酒公司（Costa Brava Wine Company）有一本名为"提供一次香槟聚会"的广告小册子，原本旨在吸引零售商将西班牙派乐达借香槟之名推销自己，却最终被法官作为呈堂证据采信。法官下令科斯塔布拉瓦葡萄酒公司停止以任何包含"香槟"一词的名号销售派乐达。从那一刻起，香槟生产商用最大的精力起诉香槟地区以外任何以"香槟"的名义生产和销售起泡葡萄酒的人。美国仍然例外，但是却没有一个好的起泡酒会自称"香槟"，矛盾的是只有最便宜的泡沫才会这样做。我不能不赞成这样做。但是香槟地区的人在保护"香槟"这个名字问题上变得过于不依不饶。在德国，有一款名叫"香槟"的洗发水，在奥地利有一款叫"香槟"的除臭剂，甚至法国的款伊夫圣洛朗公司（Yves Saint Laurent）出品了一款叫作"香槟"的香水，它们统统被告上了法庭。他们还起诉了索恩克拉夫特（Thorncroft）公司，一个小小的英国公司，因为其产品名叫"接骨木花香槟"。此时，"欺凌"这个词油然涌上心头。

康斯坦丁·弗兰克

你们肯定不会认为荷兰人是伟大的葡萄园种植者。但在 1647 年和 1664 年之间，他们是第一批尝试在纽约州建立葡萄酒产业的人。

英国人也做了尝试，但他们的努力同样失败了，和每个独自沿着美国东部海岸寻找下一个三百年的最佳港口的人一样。失败的主要原因是由于葡萄根瘤蚜虫作祟。欧洲葡萄都死了，然而当地的物种却安然无恙，这种害虫原生于美国东北。在纽约州，还有一个额外的问题：寒冷。冬天冷得他们照例拔了欧洲酿酒葡萄（Vitis vinifera）藤蔓来烧火取暖。菲利普·瓦格纳（Philip Wagner）解决了这个问题的一部分，他在马里兰州（Maryland）开创了欧洲葡萄与本地葡萄的杂交种植。1952 年，一个名叫康斯坦丁·弗兰克的人，乘坐公共汽车从纽约市去了杰尼瓦（Geneva），他决心要证明欧洲的经典葡萄品种能够在纽约州的主要葡萄酒产区里的五指湖（Finger Lakes）扎根结果——那是安大略湖（Lake Ontario）南面的一群深冰川湖，相对温暖的水域允许葡萄园种植在滩涂上。

他不仅仅是康斯坦丁·弗兰克，他还是康斯坦丁·弗兰克博士。他前往设在杰尼瓦（Geneva）的纽约州农业试验站（New York State Agricultural Experiment Station），试图找到一份研究葡萄藤蔓的工作。他应该是完美的候选人，因为他有一个乌克兰（Ukraine）敖德萨大学（Odessa University）博士学位，他的论文方向是高质量农作物，主要研究寒冷气候下的酿酒葡萄生长。这里说的寒冷，他指的是冷冻。他曾经在俄罗斯种过酿酒用葡萄，那里的温度是 -40℃，"我们在冬天不得不把整个葡萄藤埋在地下。在那儿我们吐口唾沫，还没落地便会结冰。"然而他没有获得这份工作，而是被派去为蓝莓锄草。也许因为他几乎不会说英语而影响了人们对他的判断。但这个疯狂的乌克兰小子找到了高德思（Gold Seal）葡萄酒公司的老板查尔斯·弗尔涅（Charles Fournier），弗尔涅曾经在法国尤乌克里括（Veuve Clicquot）香槟酒公司任首席酿酒师，来到高德思公司就是为了酿造"香槟"。

弗尔涅急着种植酿酒用葡萄葡，但不知道如何应对冬天的严寒。弗兰克说服了弗尔涅，对付严寒地区地面冻结的秘方就是找到无比顽强的根系作物，然后将酿酒用葡萄藤蔓与它们嫁接。他们一起出发到美国东北部巡查，终于在加拿大魁北克（Quebec）的一座女修道院里，幸运降临了。那里冬天的气候比纽约更糟糕，但修道院却一年分三批用黑皮诺葡萄酿酒。回到高思德公司后，他们把葡萄藤蔓嫁接到加拿大的葡萄藤根系上，因为他们还有生命力更强，更加耐寒的品种，主要是雷司令、霞多丽，也有琼瑶浆（Gewürztraminer）和赤霞珠。1957 年，温度降至 -25℃。很多本地的葡萄都甚至冻死了。但加拿大根茎的雷司令、霞多丽葡萄只有不到 10% 的损失，到了收获期时，每英亩产量达到了三到四吨。弗兰克的最大胜利是他的 1961 年特罗肯比勒瑙斯利泽雷司令（Riesling Trockenbeerenauslese）甜葡萄酒迈进了白宫。

现在，这些在美丽湖边的葡萄园里酿造着世界级葡萄酒的葡萄藤蔓就是嫁接于弗兰克的超级耐寒根系上的雷司令。一切发展正如他的预见。

康斯坦丁·弗兰克看起来像一个典型的美国农民，事实上他在 1952 年从乌克兰来到美国时，一个英语单词都不懂

康斯坦丁·弗兰克博士的酒厂，位于纽约州北部的库克湖（Keuka Lake）西岸。夏季温暖宁静，但
冬季特别容易遇到恶劣天气，如 1980 年的冻害、2003 年和 2014 年大片的葡萄藤死亡

我不知道她手里的利乐方盒里装的是什么（从她那圣洁的面庞上我猜想里面可能是牛奶）。它是如此简单、
经济又高效：这应是葡萄酒的未来。利乐方盒在 1963 年引入瑞典，但现在尚未取代葡萄酒的玻璃瓶

1963年
未来不用玻璃瓶

我经过很长时间的观察，相信未来葡萄酒的包装将会更换。在我的首次西班牙葡萄酒之旅中，在拉曼查（La Mancha）中部地区的一条利乐（Tetra Brik）无菌软包装流水线给我留下了深刻的印象：用这些小纸盒包装的葡萄酒，其新鲜度远超过远远超过它们的玻璃酒瓶兄弟族。

我在智利和阿根廷也有同样的发现。那里的人们不想让你品尝当地人喝的葡萄酒。但当你看到一条正在高速运转的利乐软包装方盒流水线时，你说："哦！我可以尝尝这个吗？"他们就不会斩钉截铁地拒绝你了。我再次发现，里面的葡萄酒比装在玻璃瓶里的酒平均新鲜度要高得多。但后来我也兴致勃勃地尝过在葡萄酒贸易展览会上的葡萄酒，其包装看上去像是装橙汁的纸盒。过去一直有人向我推荐罐装葡萄酒，红色的、白色的、粉色的、甜的、干的甚至还有起泡酒，尝起来马口铁罐味压过葡萄酒的味道，后来很偶然地发现了一款马口铁罐装的黑皮诺葡萄酒，味道令人愉快。

有趣的是，这些产品远远看去并不像葡萄酒瓶，可能是他们已经形成了自己的风格喜好，根本就没有试图把它们做成玻璃酒瓶的样子。他们说，忘掉那些老掉牙的东西吧。这是进步，这是生态的声音，这是砍掉碳排放的一把利斧。这一切当然就是"纸酒瓶"的贡献，我最近在一个葡萄酒博览会上看到的也是如此。这只重量只有2盎司(55克)的纸盒，与1磅(500克)的玻璃瓶相比，运输更加便宜，二氧化碳排放量只是玻璃酒瓶的10%。它可以实现生物降解，这一点非常重要，因为专家们说英国的垃圾填埋空间将于2018年全部用尽。但我仍然认为它看起来像是一个用纸浆做的模型，以某种方式将油墨喷洒在它表面上。如果要我选择替代包装，我看好那种完全摆脱酒瓶形状的未来型。

这种1963年由瑞典人推出的利乐纸盒包装是很难被超越的。它通常是一个直角矩形，大小是一公升的容量，其密封性很好，可以隔绝空气，保护葡萄酒。

当我第一次看到利乐方盒生产线工作时，在灌装机的一端填入大卷的平整塑料和硬纸板，另一端出来的就是非常简洁的装满葡萄酒的小方盒，看上去远小于一公升的酒瓶，但显然不是。唯一的问题就是在开启它们的时候如何防止溅到你自己身上。有趣的是，当用它装牛奶时，我是不会撒到自己身上的。现代利乐方盒号称"无菌防腐"，这意味着里面的液体无需冷藏就能保持新鲜，这需要具备相当好的开放系统，在所有的环保箱上都标有符号，使用非常简单。我们现在只需要把不错的酒装进去，妥当地送到人们面前。总之，在看到那款新包装的黑皮诺葡萄酒出现之前，我不认为马口铁罐有多好；随后各种美国精酿啤酒都表明使用高质量内衬的马口铁绝对适合作为一种包装物。所以，也许它最终将成为未来的一道景观。

左面是用利乐方纸盒包装的南非白葡萄酒；右面是用内嵌塑料的硬纸板酒瓶包装的加利福尼亚红葡萄酒

1963年
桃乐丝阳光葡萄酒

我在 20 世纪 90 年代有过一次西班牙葡萄酒之旅，在此期间我们一直携带着一个船长的日志，就是那种当你的船沉没后你在救生筏上携带的日志。"17 过去了，依然看不到陆地……20 天过去了，依然看不到陆地……40 天……"你懂得这意味着什么。而我们写的是"5 天了，仍然没有看到阳光葡萄酒（Viña Sol）……7 天了，还是没有阳光葡萄酒……"

日复一日，除了品酒还是品酒，我们都渴望着有一杯冰镇的柠檬味桃乐丝阳光葡萄酒。但我们没有得到。这并不是说那时所有西班牙的酒吧都没有供应，而是我们参观过的所有的酒厂都在酿造清爽时髦的、生津止渴的口味，这才使得使我们渴望阳光酒（Viña Sol）。他们努力了，但原始古旧味依然轻松获胜。

称之为"原始古旧味"并不见得公平，它第一次面世是在不远的 1963 年，但称它"原始"却是公平的，因为现代的干白葡萄酒最早是在西班牙出现的。那时西班牙不是白葡萄酒的故乡，而是黄葡萄酒的故乡。这是西班牙人喜欢它的方式。加泰隆尼亚（Catalonia）大量出产味道丰富的黄褐色莫瓦西亚（Malvasias）和慕斯卡（Muscat）葡萄酒。米格尔·托雷斯（Miguel Torres）就是来自加泰隆尼亚。他去过法国勃艮第和蒙彼利埃研究酿酒和葡萄园，回到他的家族企业后，惊讶于他的家乡还在用恐怖的旧式方法酿酒和种植葡萄，他因此发现了机会。有趣的是，他的父亲在 1956 年引进了一个叫做阳光酒（Viña Sol）的品牌。它为年轻的米格尔赚到了他想要的汽车，那时他才 21 岁。但米格尔的父亲也是一个独裁主义者，他不愿意让他的儿子介入经营成功的桃乐丝酒厂，他怕这个自作聪明的 21 岁毛头小子毁了他的产业。所以米格尔不得不找个地方做他的秘密实验，他还必须找到一些葡萄。

他在人称"北欧的佩内德斯（Nordic Penedès）"的地方找到了他需要的这两样东西。佩内德斯（Penedès）最冷、最高的地方是加泰隆尼亚海岸腹地的葡萄酒产区。巴顿村（Pontons）距离他家的酒厂大约有 12 英里，这个距离足够保护他的秘密实验；这儿的海拔是 1970 英尺[1]，

在 2460 英尺高的地方有一些寒冷的葡萄园。他发现了一些芭乐达葡萄（Parellada），那时因其量小且有些酸，仅被用作酿造起泡葡萄酒；他还发现了一个车库。好，这就是他的秘密的实验室了。他试图选择他所能找到的最新鲜的葡萄，不紧不慢地让它们发酵，所以这个位于寒冷地带的车库是个不错的开端。

实验成功了。他说服了他的父亲给他提供了一套西班牙最早具有温度控制功能的不锈钢储酒罐。1963 年，他的品牌发布了。连同它的系列产品——桃乐丝公牛血干红（Torres Sangre de Toro），不仅成为西班牙最成功的品牌，而且终于开始拉着西班牙酒业进入了 20 世纪。当西班牙需要 21 世纪的领导力时，米格尔·托雷斯提供了它。他已经在海拔 2950 英尺的庇里牛斯（Pyrenees）山前种植了葡萄，并买下了庇里牛斯人位于海拔 4920 英尺的土地。随着惊人的气候变化速度，他说他将用 20~30 年的时间在那里培植他的霞多丽、雷司令和芭乐达葡萄。

这些沿着巴顿山坡修上来的高地葡萄园是加泰隆尼亚最酷的葡萄园

---

1. 1 英尺约等于 0.3 米。

桃乐丝公牛血干红（Torres Sangre de Toro）是特选阳光葡萄酒的红色成员，它可能是西班牙销售量最大的红酒

这一款50周年纪念酒标是为庆祝特选阳光走过了半个世纪。新鲜的、时髦的白葡萄酒在西班牙的酒吧里仍然是最常见的选择

盖洛哈迪勃艮第葡萄酒

当时，威斯康辛州（Wisconsin）的首府麦迪逊（Madison）白雪皑皑，我在一个烟雾缭绕、人声鼎沸的屋子里第一次尝到它的味道。那时我还是一个学生，那种很多人抽烟的地方是有特别的法律加以限制的。但有红葡萄酒却是个例外。

这是哈迪勃艮第红酒现在的样子。我不知道它是否与那些朦胧的学生时代的酒一样好

盖洛哈迪勃艮第葡萄酒的酒瓶很大，成本低到几乎可以忽略不计。对于在英格兰的学生聚会上喝到的那类葡萄酒，我算是一个小专家，我甚至还保存了几瓶。但我从来没有意识到便宜的红酒也有很好的味道。

不，应该说是在那天晚上它尝起来味道很好，饱满、成熟，有点儿李子和樱桃果酱的味道，不是很干爽，但也不是直白的酸或苦。它只是一种很好的饮料，偏偏它也是用葡萄制作的。

当然，这些葡萄不是来自勃艮第，它们来自加利福尼亚。但用廉价的勃艮第葡萄酿的酒其味道相当糟糕。那晚我也狂饮了很多夏布利白葡萄酒（Chablis Blanc），或者又叫作"夏布利山"（Mountain Chablis）？它也是一款很好的酒，它便宜、充满果香味、不是很干。肯定不是从夏布利来的。然后我还喝了一些"带响声的粉色夏布利酒"？难道是在那里吸二手烟吸得我晕头了？无论怎样都没关系，因为我获得了一个重大发现——便宜的酒并不等于不好喝。那是在 20 世纪 70 年代的事情。在英国，几个世纪以来，我们一直期盼着用成熟的新鲜水果酿酒。好吧，是永远期盼。在欧洲，这一切在 10 年内全部改变了。但首先酿造高质量大众餐酒的却是美国人，1964 年上市的盖洛哈迪葡萄酒，就是此类酒的佼佼者。

多年来我没有把"最好"这个词用于盖洛的葡萄酒。他们一直奉数量为神，试图控制市场，不遗余力地追求利润。然而人们却忘了，是激情和毅力使得 E.& J. 盖洛成为世界上最大的酿酒厂（尽管他们失去了"2004 年多民族大聚会"的冠名权），他们的发展是以改进葡萄园种植和酿酒技术为基础的，不仅仅是以硬性推销为手段，尽管在这方面他们确实领先于世界。盖洛印一本 300 页的手册，教员工如何卖酒，巨细靡遗。例如，"7 英尺是人类的眼睛一瞥所能看到的最宽的范围，所以要把你商店里所有的盖洛酒瓶展示在这 7 英尺范围内"；还有，"把广告性的酒瓶放在眼睛平视的高度，属于即兴购买的酒瓶放在腰部水平，最大的酒瓶放在最小的酒瓶右边。" 其他内容基本上都是以此结尾：保持让盖洛葡萄酒持续填满冰箱和货架，直到竞争对手低头。

但说回到质量，盖洛是由欧内斯特（Ernest）和朱里奥（Julio）两兄弟于 1933 年创立的，那时《禁酒令》刚刚结束，业务是出售散装酒。他们花了三年时间建立了一个有 150 万加仑生产能力的酒厂，并于 1938 年开始灌装葡萄酒，到了 1950 年，便成为了美国最大的葡萄酒厂，

Drink Wonderful!

Soft music, quiet thoughts, pleasant company. What a wonderful way to start an evening, or end the day. And what could make the mood...and the food...more wonderful than serving a fine wine?

Burgundy, Sauterne, Sherry or Port... every Gallo wine is a classic in good taste, a tribute to the winemaker's art. Perhaps this is why Gallo is America's leading vintner of fine wines. Next time you're in the mood to drink wonderful.....drink Gallo.

SAUTERNE

Gallo Sauterne's exquisite taste is a perfect complement to the delicate flavor of fish or fowl.

California Straight SHERRY

Sherries are ideal wines to serve anytime. This is only one of four great Gallo Sherries.

California BURGUNDY

Now America's most preferred burgundy because of its superb taste and superior quality.

California PORT

One of four classic Gallo Port. It's rich, smooth taste will add elegance to any occasion.

DISCOVER THE WONDERFUL WORLD OF WINE.....WITH GALL

J. GALLO WINERY, MODESTO, CALIFORNIA.

盖洛在 1964 年生产出了他们的第一款哈迪勃艮第。显然他们并不太担心欧洲地名的法律保护，例如波特、雪莉、勃艮第以及苏特恩（Sauterne）（正确的拼写应该是 Sauternes）；这些都出现在这幅广告画中。但是这些葡萄酒当然不是来自葡萄牙、西班牙或法国

坦率地说，我不能清晰地回想起我第一次喝的勃艮第酒瓶的样子了，那是一个很大的聚会，但它可能是像这样的

这个地位一直保持到 20 世纪 60 年代，改变之风席卷这个位于加州中央谷（Central Valley）的巨大的工业园区。在那之前他们的产品就像夜间快车和雷鸟车（Thunderbird）。你知道吗？雷鸟仍然是挥霍青春的标志。但盖洛总是能感觉到市场的转变，他们是以葡萄酒伴餐成长起来的新一代人。朱里奥·盖洛与种植者签订了长期合同，以固定的价格为工厂提供更好的葡萄品种。他们购置了不锈钢储酒罐，开始使用琥珀绿的"风味卫士"酒瓶（他们也有自己的酒瓶工厂），以防止阳光对酒造成氧化。他们还开始优化他们的原料混合，从索诺玛和纳帕大量收购葡萄，以改善中央谷地的经过暴晒的葡萄原料。现在他们可以正确使用混合葡萄生产出有新鲜果味且赏心悦目的勃艮第红葡萄酒。很大程度上是以合同约定的巴贝拉（Barbera）和小粒西拉（Petite Sirah）葡萄为基础原料。当然不包括勃艮第黑皮诺（Burgundian Pinot Noir）葡萄，坦率地说，所有的原料都比它更好。

1965年
袋装葡萄酒

当时肯定糟透了，因为我还记得它的味道，我喝的第一款袋装葡萄酒。它来自保加利亚（Bulgaria），是天竺葵（Geraniums）的味道。天竺葵在花园里挺好，但天竺葵在酒里？一点儿都不好。

后来我发现，这相当令人作呕的天竺葵味道来自乳酸菌和山梨酸（sorbic acid）的化合反应，目的是以防止葡萄酒里的真菌生长。相当难喝？你说对了。那些第一次用袋子包装的酒受到我们这些酒评人的猛烈抨击。我们把这些酒与同样的瓶装酒做了比较，袋装葡萄酒一定是低劣的，一般都是便宜但不卫生。他们永远不会理解……

但他们确实就这么做了。在某些市场中，瑞典就是一个例子，他们获得了高达 50% 的销售率。如今的质量总的来说是很好的。在葡萄酒基本质量的很多方面，我们必须感谢澳大利亚人。澳大利亚人对于葡萄酒的细节一直都是一丝不苟，这非常重要；因为生物、微生物、细菌和真菌都喜欢蹂躏葡萄酒，如果你允许它们这么干的话。保加利亚的原料也许是生长条件恶劣，生产方式肯定非常粗放，而且缺乏妥善的护理。它永远不会比垃圾味道更好。然而袋装这个概念却是不错的。

用袋子可以比用玻璃瓶装入更多的葡萄酒，占用的空间却少得多，重量更轻，也不易碎。如果你开一个餐厅，可以用它来提供葡萄酒，不像用玻璃酒瓶那样，每天晚上都有剩下一半的瓶子；在家里，你可以把这紧凑的容器放入冰箱，3 公升的酒只占用四瓶 750 毫升酒的空间，而且你总有一杯冰镇的白葡萄酒或玫瑰红葡萄酒备用，无论白天还是夜晚。

托马斯·安格弗（Thomas Angove），一位来自南澳大利亚伦马克（Renmark）的酿酒师，是他第一个发明了"酒桶"包装，并于 1965 年 4 月 20 日注册了专利。1967 年，查尔斯·马尔帕（Charles Malpas）和奔富葡萄酒公司（Penfolds Wines）也注册了一个塑料密封出水嘴的专利，把它焊接到金属化的可填充囊袋上，使得储存和倾倒更加方便轻松，不敢肯定酒会不会溢出。我猜想澳大利亚人成为袋装酒专家的原因之一是因为他们喜欢烧烤、野餐以及前往海滩等一些户外活动；这种盒子则是完美的，或者说这盒子的内部是完美的，因为他们带着他们的"袋囊（bladder pack）"去邦迪海滩（Bondi Beach）休假时，经常扯开袋子扔掉盒子。通常在盒子里有一层可折叠的覆膜复合袋子。这种袋子一般是用几层聚酯薄膜制成，中间夹有一层铝箔。这样可以隔离空气。一个嵌入袋子的出水嘴从盒子底部伸出，这个位置就是导致葡萄酒变质的最大危险。而试图让出水嘴和袋子之间绝对的密封不透气，是完全可能的。他们认为一个很好的密封装置，只需几个便士，所以根本没有使用低效密封的借口。

葡萄酒减少后，袋子会站不住。所以倒出最后一杯酒并不总是那么容易。你可以把袋子剪开，排出沉淀物，但这意味着你不能够享受完整的一包酒。当它空掉后，你还可以把它吹满空气，它就变成了一个非常舒适的枕头。

这就是一套盒袋囊包。想象一下，装满冰镇的白葡萄酒，你可以直接倒入口中；当酒被喝空后，吹起这个袋子变成一个枕头，你便可舒适地躺在邦迪海滩上

盒子之外的思考。对于这种盒中有袋的包装有着两种截然不同的需要：上图的右面是一个麦肯维尔纽斯（McCann Vilnius）油漆桶；下图则是一个设计师参加酒会开幕日时用的手提包

这一款大瓶的 1864 年拉菲庆典酒，于 1967 年由布罗德本特售出，并在 2004
年东京的一场美食家晚宴上完成了它的使命。它珍贵的酒标被保护得相当完好

1966年
迈克尔·布罗德本特在佳士得

我们在波尔多的飞卓酒庄（Château Figeac）等待品尝舒伐利亚庄园（Domaine de Chevalier）的1971年白葡萄酒和红葡萄酒。看着那架贝森朵夫（Bösendorfer）钢琴，迈克尔（Michael）说，"上帝啊，我等不及了，我要弹弹它。"于是一首肖邦（Chopin）的前奏曲飘荡在葡萄园里。这款实际上产于1961年的红酒，后来使我想在桌子上跳舞；它是如此的美妙，真是值得久等。

后来，在比利时装瓶的飞卓酒庄1934年份酒，吸引了我们的全部注意力，而迈克尔却难以抵抗钢琴和可爱的女主人玛丽·佛朗西（MarieFrance）的魅力。她的丈夫用自动钢琴演奏着华尔兹，迈克尔和我分别邀请玛丽跳舞。而庄园池塘中的青蛙大声鸣叫，似乎在抱怨我们打扰了它的清静。

我们看到作为20世纪最重要的葡萄酒人之一的迈克尔·布罗德本特（Michael Broadbent）简直要失态了，而他的人生之所以达到如此的成功，都要有赖于他的外貌、口才、艺术品位，还有他那贵族般的风度啊！在他成为一个完美的葡萄酒销售商之前，他曾是一个精明机灵、冷酷无情的葡萄酒猎人，因为他不仅仅销售各种年份酒，他只卖最好的、最少有的和最古老的葡萄酒。

在布罗德本特成为新成立的伦敦佳士得葡萄酒拍卖行（Wine Auctions for Christie's in London）主管之前，伦敦没有一个经营珍稀葡萄酒的专业市场。佳士得（Christie's）自18世纪60年代以来，不定期举办葡萄酒拍卖，但在1966年，他们决定更认真地对待这项活动，于是招募到了布罗德本特。这是一个官方授意的任命，因为他非常了解葡萄酒；他有勃勃的野心，但也是一位艺术家，有一颗艺术之心，他用娴熟的方式和文雅的绅士风度，为葡萄酒添加了无穷的魅力，使它们昂首走出了已经隐居了100年的酒窖，这些魅力使得越来越多的美国人聚集在拍卖台前竞相喊出更高的价格。说来也奇怪，好酒大都是属于不符合20世纪英国时尚的东西，大宅子和蜘蛛网遍布的城堡地窖里存满了19世纪的宝物，住在这些大房子里的家庭却喝不了多少。

布罗德本特的鼻子具有特别的分辨力。在几个月内，他检查、编目和选择拍卖了林利斯戈侯爵（Marquess of Linlithgow）地窖里的一些尘土满身的宝贝；罗斯伯里伯爵（Earl of Rosebery）收藏的19世纪上好的波尔多紧随其后，许多都是用巨型酒瓶装着的。到1967年5月，佳士得迎来了一个葡萄酒升值的新时代，并且启动了一场收藏古董和罕见葡萄酒的狂热，那些收藏爱好者们几乎不知道它们的存在；美国收藏家是最狂热且有实力的。一瓶1.5公斤的1864年拉菲葡萄酒，在罗斯伯里酒窖里于1967年以225美元售出，1981年竟拍到了10000美元。布罗德本特甚至开始去美国组织品尝活动，价格越发飞涨。这个神奇的古老葡萄酒拍卖活动持续了20年的黄金期，之后在被抑制的状态下走到今天。但是只要古老葡萄酒的价格不断创新高，你就能看到另一个阴暗面：造假和欺诈开始出现。只要布罗德本特出马，鉴别出处和真伪是简单的事情。但随着货源越来越少，事情就变得越来越复杂了。

佳士得在1967年举办的第一次"最好的和最稀有"拍卖会，在林利斯戈侯爵和罗斯伯里伯爵的酒窖里举行。这里展示的各种酒瓶形状将人们带回到了18世纪40年代，尽管18世纪的宝藏并不完全是主流：有1740年的金丝雀葡萄酒（1740 Canary），1757年的凯普葡萄酒（1757 Cape），1780年的霍克葡萄酒（1780 Hock），以及一些1750年的牛奶潘趣酒（1750 Milk Punch），只剩下半瓶的潘趣酒竟然也卖了9英镑！

罗伯特·蒙达维以及纳帕的复生

通过胖揍你的弟弟来开启一个新时代，完全不是一般人能接受的方式。但在 1965 年 11 月，当罗伯特·蒙达维（Robert Mondavi）揍了他的弟弟彼得（Peter）并跑出查尔斯克鲁格（Charles Krug）蒙达维家族酒厂时，意味着加利福尼亚州的葡萄酒业即将出现一个巨大的飞跃。

在《禁酒令》解除的一年之内，罗伯特·蒙达维在纳帕山谷建设的第一个新酒厂已经完工。这并不意味着蒙达维是第一个意识到纳帕谷巨大潜力的人，他就不是第一个用单一品种的葡萄（尤其是赤霞珠）酿出多款葡萄酒的人，也不是第一个使用现代营销理念、或者新橡木桶和不锈钢储酒罐的人。然而莫名其妙的是，看起来他仿佛突然成了第一个做这些事的人。山谷中的其他改良者的成就都是建立在已经存在的东西上，而蒙达维却以他自己的设想和方式获得成功，整个过程看起来是白手起家。

这些年来我见过罗伯特·蒙达维许多次，我不记得曾经见过什么人对自己有如此全然的自信、如此坚定地传播着自己的观点。你可以称它为崇高的自信。或者你也可以称它是几乎病态地要证明自己。无论如何，这正是 1966 年的加州所需要的精神。蒙达维的家庭贫困，他的父亲在《禁酒令》期间从西部的明尼苏达（Minnesota）铁矿来到加州，成了一个葡萄种植者。当《禁酒令》解除时，他很快成功地进入了酿酒业。罗伯特·蒙达维进入加州顶尖的斯坦福（Stanford）大学学习，表现出了他不屈不挠的精神。但他在 1936 年回了家，开始在纳帕山谷酿造葡萄酒。他的家族在 1943 年买下了查尔斯克鲁格（Charles Krug）酒厂，他种植了经典的法国葡萄品种，自学了有关不锈钢储酒罐、冷却发酵保存果味以及葡萄酒在橡木桶里陈化等知识和技术。但当他在 1962 年第一次去欧洲旅行时，才发现了自己距离世界一流酒厂有多么远。同时他也开始寻找解决方案，那就是葡萄园位置的重要性与适合种植的品种、葡萄成熟度与产量的控制，以及只能用最好的法国橡木桶来陈化葡萄酒。这次旅行开阔了他的思路和眼界。如果你是要做伟大的葡萄酒，你必须知道伟大的葡萄酒尝起来是什么味道。在研究了那些明星葡萄酒诸如波尔多、勃艮第之后，蒙达维知道了伟大的味道应该是怎样的。他有了自己的味道想象，他在努力实现他的葡萄酒目标的过程中度过了他的余生。

你只有在品尝过罗伯特·蒙达维的第一款 1966 年赤霞珠葡萄酒（Robert Mondavi Cabernet Sauvignon）后才能意识到他采用了法国酿酒工艺并且取得了非凡的成功。其成熟度更像是一个恰当成熟的波尔多，完全不同于他在查尔斯克鲁格酒厂酿造的那种过度成熟的风格。他确信卢瑟福（Rutherford）的土壤与加州纳帕谷奥克维尔（Oakville）的土壤可称为加州的波尔多波亚克（Pauillac）和圣朱利安（Saint-Julien）。他的目标不是用他们的葡萄生产同一口味的产品，而是通过应用波尔多酿酒方法，装进最好的法国橡木桶，他确定他能生产出多种与法国达官贵人餐桌上同样顶级的赤霞珠葡萄酒。

为了让世界信服这一点，他需要做一些营销。罗伯特·蒙达维可能是作为一位酿酒大师而闻名于世的，但他也应该被称为一位营销家和一位卓越的推销员。在 20 世纪 60 年代，美国东海岸的人不会去买昂贵的加州葡萄酒。《美食家》（Gourmet）杂志说过："我们的读者不要喝国内的葡萄酒"。但蒙达维的无畏赢得了他们的支持，他把自己的葡萄酒在各种场合利用各种机会与法国顶级酒并肩展示。30 年过去了，他仍然这样做着，以至于当蒙达维在城里时我都能知道，因为我能品尝到拉图（Château Latour）、玛歌（Margaux）、罗曼尼康帝（Domaine de la Romanée-Conti），这些顶级的法国口味，就如我品尝的蒙达维（Mondavi）一样。我认为，它确实赢得了与顶级法国酒出现在同一张餐桌上的权利。

罗伯特·蒙达维在他心爱的图卡隆（To Kalon）葡萄园中。这里是他最好的赤霞珠葡萄的来源

在奥克维尔市（Oakville）一条路旁边的的罗伯特蒙达维酒厂。它建于 1966 年。建筑风格意在向加利福尼亚州早期传教士们致敬

第一款蒙达维赤霞珠葡萄酒（Mondavi Cabernet Sauvignon）采用波尔多酿酒工艺混合加利福尼亚葡萄制成。他试图实现在每个收获期都可以采摘到完全成熟的葡萄的目标

上图：在霍斯黑文山（Horse Heaven Hills）顶俯瞰瓦卢拉葡萄园（Wallula Vineyard），它建在灌木丛荒野中，傍着绿色的哥伦比亚河，展示出华盛顿东部的苍凉之美

下图：如果没有这些街灯柱，我会以为自己是在波尔多，这完全是瓦卢拉圣米歇尔酒庄（Chateau Ste. Michelle）的创建者所希望的反应。希望它的创建人米歇尔就在华盛顿伍丁维尔（Woodinville）

对页：自从圣米歇尔约翰内斯堡雷司令（Ste. Michelle Johannisberg Riesling）在1974年洛杉矶葡萄酒大赛中获胜，雷司令就一直是华盛顿的一个亮点

1967年
华盛顿州

如果你在华盛顿州唯一去过的地方是西雅图（Seattle），你可以原谅自己这样想：简直就是一个地狱，在这种尘雾环境里没有人能使葡萄超过咖啡。

真的，西雅图的雾很严重。但华盛顿州也有两张面孔。在它的西部，以西雅图为基础，那里的人们常去欣赏歌剧，看美国橄榄球超级大赛（Super Bowl），喝一些世界上最好的咖啡和啤酒；而在东部，你爬上喀斯喀特山（Cascade Mountains），面朝山脊，天空放晴，强烈的太阳使你睁不开眼睛，覆盖着浓郁绿色的土地，还有那大片修剪整齐的、被风吹拂着的艾草，像缩成一团的巨兽，还有像似月球的地表，荒凉孤寂，令太阳失色。

这是个极端的地方，且非常干燥。但它有一个巨大的资产——就是那强大的哥伦比亚河（Columbia River），以水流量来说，它是美国第四大河，可以用来灌溉葡萄园。一个园子还是两个？当然都行。哥伦比亚河盆地（Columbia River Basin）覆盖了 260000 平方英里地域。根据灌溉和阳光条件，它就是一个潜在的巨大葡萄园。但需要有人迈出第一步。在 19 世纪，曾经有人尝试过几次，还在亚吉玛山谷（Yakima Valley）设计了灌溉系统（让亚吉玛河水流入哥伦比亚）。从 1906 年起建设了葡萄园，但大多数的葡萄是用来榨汁或直接吃，而不是用于酿酒。当地人说，娇弱的酿酒葡萄品种不能在严寒中生存下来。那里有过几次这样的冻害，分别发生在 1949、1950 和 1955 年的秋季和冬季，毁掉了数千英亩刚刚种下的葡萄园。

那么是谁终于开始行动了呢？是几个家庭作坊。在当时美国最著名的葡萄酒作家莱昂·亚当斯的怂恿下，他们迈出了决定性的关键一步。莱昂·亚当斯（Leon Adams）在 1966 年曾经品尝过华盛顿大学（University of Washington）心理学教授劳埃德·伍德豪斯（Lloyd Woodhouse）酿造的格连纳什（Grenache）玫瑰红酒，非常喜欢它。他说服了加州最著名的葡萄酒顾问安德烈·柴利斯契夫（André Tchelistcheff）来到北部做一次考察。在这次考察过程中，一位家庭酿酒师[气象学家菲利普·丘奇（Philip Church）]自己酿的唯一一款葡萄酒受到柴利斯契夫的赞赏，那就是后来的琼瑶浆（Gewürztraminer），一款低度干白葡萄酒；柴利斯契夫说这是他在整个美国喝

到的最好的酒。1967 年，在亚当斯和柴利斯契夫的启发和鼓励下，两位葡萄酒生产商酿出了他们的第一款葡萄酒：圣米歇尔酒庄酒（Château Ste. Michelle）。现在，圣米歇尔酒庄 (Chateau Ste. Michelle) 拥有华盛顿州乃至全美最著名的和领先的酒庄。由一群家庭酿酒师组成的联合酒坊（Associated Vintners）在 1983 年更名为哥伦比亚葡萄酒坊（Columbia Vintners），也是华盛顿州的重要酒标。哪家是老大？联合作坊是在 20 世纪 50 年代涉足家庭酿酒业的，美国葡萄酒人（American Wine Growers）自 1954 年以来变成了一个商业康采恩（多种企业集团），在格连纳什玫瑰红酒（Grenache-based rosé）的基础上生产了一款酒称为格拉纳达（Granada）。但如果让我来选择，我会去 AWG（美国葡萄酒人）的圣米歇尔酒庄。因为米歇尔的酒庄代表着现代华盛顿州的酒业方向；柴利斯契夫也从 1967 年开始对米歇尔的酒厂开展研究。1968 年，在一次赛美蓉（Semillons）匿名评酒会中，圣米歇尔酒庄酒（Ste. Michelle）打败了美国所有的赛美蓉酒（Semillons），此后酒标后面只是多了一个小小的字母"Y"，意为来自波尔多的世界著名的依奎姆酒庄（Château d'Yquem）的干型葡萄酒。1974 年在洛杉矶（Los Angeles），1972 年的"圣米歇尔约翰内斯堡雷司令"（1972 Ste. Michelle Johannisberg Riesling）击败了德国、澳大利亚以及美国的所有雷司令葡萄酒。华盛顿走上了自己的路，这要感谢圣米歇尔酒庄。

1968年

意大利的破局

就在 1977 年春天一个晴朗的星期六，意大利葡萄酒革命击中了我的要害，我不得不在一个新公寓里卧床休息。没有家具，没有酒，只有一张床。我一个朋友给我带了一瓶酒过来，他说："这将改变葡萄酒世界。"

看起来足够好了—— 一款简单的白色酒标，上面有蓝色和金色八角星浮雕压花和西施佳雅（赤霞珠苏维农）[Sassicaia(Cabernet Sauvignon)] 的名头。让我们放纵一下自己吧，一个漱口杯就能做到。所以我第一次一大口干掉了 1968 年的西施佳雅（Sassicaia）。我猛然从床上爬起来，挣扎着摸到一些纸和一支笔。我从未经历过这种激动人心的纯洁的味道，美丽的黑醋栗果味如此强烈地蔓延在我的口腔内。一年后，西施佳雅被评为世界顶级赤霞珠葡萄酒。令每个人都十分惊奇的是，它来自意大利。

这种酒是由皮耶罗·安蒂诺里（Piero Antinori）的叔叔，马里奥·印西撒·德拉·罗切塔侯爵（Mario Incisa della Rocchetta）出品的。皮耶罗是意大利最古老的葡萄酒王朝的继承人，以托斯卡纳（Tuscany）为基地。在 20 世纪 60 年代，未来看起来暗淡遥远，托斯卡（Tuscan）葡萄酒、尤其是基安蒂康帝（Chianti）葡萄酒等都处于空前的低质量、低价格，并受到批判。说实话，那时真的没有任何意大利人可以坐在世界葡萄酒桌的上首。那张桌子挤满了法国人，马里奥叔叔的西施佳雅葡萄酒为年轻的皮耶罗指出了加入他们的路径。他的父亲曾经在一个山坡上把赤霞珠苏维农（Cabernet Sauvignon）葡萄和提娜内罗（Tignanello）葡萄混合种植。皮耶罗救活了这些葡萄藤蔓并且决心把当地的桑娇维塞（Sangiovese）与赤霞珠混合，用新的小橡木桶（就像在波尔多那样）陈化葡萄酒，通过乳酸发酵来软化葡萄酒（如同波尔多）。他没有称之为康帝葡萄酒，甚至连想都没想；只是直白地将它叫做"日常餐酒（Vino da Tavola）"。事实上，他是跟随着马里奥领先在托斯卡纳酿造"波尔多"。然而，安蒂诺里是一个具有卓识远见的骄傲的托斯卡纳人。他需要表现出他可以创建一款国际品级的顶级葡萄酒的实力，然后再去创建纯粹的托斯卡纳风格。所以他使用波尔多作为模板，创造了提娜内罗的巨大成功；他的 1985 年的提娜内罗为他赢得了"1990 年国际葡萄酒挑战赛"（1990 International Wine Challenge）的红酒奖杯。以此为基点，他将战略转向了托斯卡纳，开始酿造派帕利（Pèppoli）和帕西诺修道院（Badia a Passignano），作为康帝葡萄酒售卖，酒里都没有使用赤霞珠葡萄，但鉴于西施佳雅和提娜内罗取得的"国际"性成功，它们理应得到尊重。

同时，安吉洛·加亚（Angelo Gaja）在皮德蒙（Piedmont）的山麓感到自己陷入了同样的困境。他的家族企业酿造巴罗洛（Barolo）和巴巴莱斯科（Barbaresco）葡萄酒，但是当他试图改善质量和提高价格时，遭到了来自他周围那些自满、平庸之人的阻碍。安吉洛曾在法国蒙彼利埃（Montpellier）学习并在勃艮第工作过，他对黑皮诺葡萄有着直接的亲切感，深知它需要非常集中的种植地和成熟后及时采摘的必要性。最重要的是，他发现勃艮第最好的葡萄园里的所有葡萄酒都是以自己的品名销售，然而巴罗洛和巴巴莱斯科却是什么都捆绑在一起。他还发现了新的 225 公升小橡木桶。像安蒂诺里（Antinori）一样，他也意识到如果他要使更广大的世界市场认真对待他的巴巴莱斯科葡萄酒，就得因袭法国的理念。于是他为他的内比奥罗红酒选择了勃艮第作为最好的模型。但他也种植霞多丽和赤霞珠，就在一些他最好的巴巴莱斯科地块中间，因为，和安蒂诺里一样，他要让人们挺直身体坐起来，给他的意大利一份尊重。在他在皮埃蒙特（Piedmontese）安顿下来以生产最好的皮埃蒙特（Piedmont）葡萄酒之前，只有霞多丽和赤霞珠可以帮他做到这一点。

这是一张褪了色的西施佳雅
（Sassicaia）原始酒标，但酒
的味道并没有褪去。在我的记忆
中，就好像昨才喝的它

左：皮耶罗·安蒂诺里（Piero Antinori）用波尔多方法和波尔多赤霞珠葡萄酿造的提娜内罗
（Tignanello），但大多数的桑娇维塞（Sangiovese）葡萄从未丢掉它的托斯卡纳（Tuscan）根系。
右：当安吉洛·加亚（Angelo Gaja）在巴巴莱斯科他的最好的内比奥罗田园里种植赤霞珠葡萄时，
他的父亲叹了口气说"Darmag（真可惜）"。所以他把这款酒叫做"达尔玛吉（Darmagi）"，
它一出生便立即有了一个恶名

左：乔希·詹森（Josh Jensen）的灵感来自于勃艮第石灰岩土壤，于是他开始寻找在加州的石灰岩土。那里没有多少，更何况它很遥远偏僻；但是卡莱拉（Calera）在黑皮诺葡萄的使用上却取得了巨大成功。右：勃艮第的影响始于加州索诺玛县的汉谢尔酒厂（Hanzell winery）。詹姆斯·D·泽勒巴克（James D. Zellerbach），一位退休的美国驻意大利大使，在那里着手酿造勃艮第风格的葡萄酒。他的成果是第一款加州霞多丽

20世纪60—70年代
勃艮第效应

人们说了很多关于波尔多葡萄酒对于世界的影响。但勃艮第有什么影响吗？它同样很重要，尽管由于波尔多最著名的赤霞珠和梅洛葡萄在全球市场上的惊艳表现，可能使得勃艮第的影响不是那么明显。那么勃艮第最著名的葡萄又是什么样呢？

霞多丽（Chardonnay），还有比它更著名的白葡萄吗？作为一种勃艮第葡萄，在夏布利酒（Chablis）、莫索特酒（Meursault）、普伊-富赛（pouilly-fuisse）酒，以及每一款顶级白葡萄酒中，都有它的身影。在勃艮第甚至有一个村庄就叫作霞多丽（Chardonnay）。它的美味历史悠久、干爽多汁、口感丰富，还有世界各地橡木桶白葡萄酒的故事，这一切就是勃艮第白葡萄酒的影响。勃艮第红酒效应也可称为反波尔多红酒（anti-Bordeaux-red-wine）效应，随着越来越多的酿酒师反抗赤霞珠对世界各地的冲击，引发了"除了赤霞珠什么都行"（"anythingbut-Cabernet"）运动。可以预见的是，他们选择使用的葡萄就是勃艮第为之骄傲和欣喜的黑皮诺。它们是变化无常、要求苛刻、异常敏感，然而时常令人兴奋、性感诱人，令人难忘的。

在过去一些时期，由英国人来品鉴葡萄酒的味道是不太令人信服的；这并不是很久以前的事，白葡萄酒基本上意味着来自德国（摩泽尔河或霍克）和勃艮第。英国无意继续看下去。但是，美国人，以及紧随其后的澳大利亚人却对葡萄酒的热情却高涨不减。第二次世界大战刚刚结束后，由加州索诺玛郡（Sonoma County）的汉歇尔（Hanzell）酒厂牵头，前往欧洲考察了勃艮第的荣耀白葡萄酒之后，这些美国佬很快就开始开始着手在自己的"黄金西部"另起炉灶。他们虽然无法把勃艮第家的土壤和气候带回去，但是他们可以学习或购买一切。尤其是他们能够种植霞多丽葡萄，能够用同样的橡木桶发酵葡萄汁，能够培养相同的酵母、通过安装温度和湿度控制系统模仿出勃艮第的地下室条件。上帝没有辜负他们的努力，他们酿出了同样的葡萄酒并陈化成功。这些美国酒与欧洲葡萄酒完全一样吗？他们可是经过了一代又一代专业人员的经验和难以言传的长期知识积累才创造出最伟大的勃艮第呀！不。这些早期的加利福尼亚酒商，无论是汉歇尔、亨氏

（Heitz）、博利厄（Beaulieu）、斯托尼希尔（Stony Hill），还是自由马克大修道院（Freemark Abbey），他们都酿造出了不错的葡萄酒，也许是极好的葡萄酒，但并不是勃艮第；然而他们鞭策着自己在世界各地区努力仿效白勃艮第，这种努力的脚步没有任何慢下来的迹象。

当初勃艮第红酒的影响不是那么的成功，即使现在传播也不太普遍。部分原因是由于勃艮第是法国一个比较凉爽的边缘地区，导致黑皮诺生长缓慢，除非大自然突发善心；而新世界的后来者们，都是位于气候温暖的、阳光条件更好的地区，几乎无一例外；在这样的地方，习惯了寒冷的黑皮诺在藤蔓上很快变成了果酱，而赤霞珠则茂盛怡然。但是就像对于霞多丽葡萄那样，美国人也同样来到欧洲考察了美色诱人的红勃艮第。其中两家酒厂认为他们在加维兰（Gavilan）山脉的峭壁上找到了答案。石灰岩（Limestone）在加州是罕见的，但勃艮第千年来从峭壁上坍塌下来的石灰岩变成了石灰岩质沙土壤。于是，沙洛纳（Chalone，美国加州的葡萄种植园）和卡莱拉（Clara，墨西哥城市）率先将加利福尼亚州的第一批勃艮第型黑皮诺葡萄（Burgundy-ish Pinot Noirs）移出了这片灰白色的山土。从此，第一批葡萄落户在旧金山湾的卡内洛斯（Carneros），随后圣芭芭拉和多雾的索诺玛海岸也举起了黑皮诺的旗帜。新酒尝起来不像是勃艮第，但它以自己的条件形成了很好的味道，这要归因于其努力模仿勃艮第。俄勒冈州（Oregon）也取得了成功，这是在太平洋西北地区移植原始勃艮第的典范。澳大利亚的塔斯马尼亚岛（Tasmania）、维多利亚（Victoria）和智利一样，也取得了一些成绩。但如果我们要找到一个地方可与最好的勃艮第黑皮诺竞争，那就是新西兰。新西兰辽阔凉爽、阳光明媚，那儿的黑皮诺味道也与勃艮第的葡萄不同，但他们知道如何调整味道，因为有勃艮第树立的典范在前。

20世纪70年代
松香味希腊葡萄酒

此刻是我每年都会期待的"国际葡萄酒挑战赛"（International Wine Challenge）。在这一周内的某个时候，众多桌台中的一个将会崩溃，一群气呼呼的人围住葡萄酒品酒师们，使他们几乎不能够呼吸，这些人一边咳嗽，一边气急败坏地猛烈抨击评比结果，口沫横飞地说着他们凭什么受到这样的惩罚……等等。我微笑着对自己说，还好他们有松香味葡萄酒类。

这些葡萄酒当然都享受零税率待遇，赛会主席热情地摆好蒙住酒标的酒瓶，然后再次品尝。我们要做出的最大的努力是要找出获得金牌的那瓶酒。松香味葡萄酒完全不应当担戴一个坏名声。部分原因是由于它完全不同于通常我们从法国或西班牙或意大利或者新世界的什么地方买到的普通葡萄酒；还有部分原因则是对于我们很多欧洲人来说，它是我们喝过的最难忘的酒。对于第一次喝到的酒，人们往往永不会忘记它的味道。对于这款酒，我们中的许多人都有一个隐秘的、有点儿罪恶感的喜爱，不是因为它有多好或多坏，而是因为喝了它会有一种异于其他一切酒的奇妙感觉：稚嫩、低廉、笨拙，还有令人难忘的快感。在世界上所有的葡萄酒中，松香味葡萄酒是那种

这是一瓶现代出口质量的品牌葡萄酒，松香味比以前轻，但仍然是满口的凉爽

使你想起夏日度假的终极之酒。即使当欧洲北部冬天阴雨连绵时，在一个肮脏的希腊酒馆里，当你喝下第一口这种松香味的冰镇白葡萄酒，混合着红鱼子酱沙拉一起进入你的咽喉，那种刺激感会把你带到一个美好、温暖、快乐的地点和时刻。

祝贺一下你们自己吧，因为是第二次世界大战后希腊旅游业的爆发，让这种酒从雅典平原附近的一种本地土酒转变成为一个全国性的现象。由于旅游，在20世纪70年代里，希腊每个地区都提供松香味葡萄酒。它不一定是用当地种植的葡萄或当地种植的松树树脂制造的，但松香味葡萄酒被称为是希腊的味道，所以每一个旅游餐馆都会有供应。雅典附近的阿提卡（Attican）平原是这种葡萄酒的故乡，因为这里还有巨大的阿勒颇（Aleppo）松树森林。但这不能完全解释为什么只有希腊认为把松香块放进葡萄酒里是一个好主意，甚至还获得欧盟的特别豁免。你不能到处把松香扔进你的法国葡萄酒中，否则宪兵会猛敲你的门。即便如此，把松香放到酒里是一种非常古老的习俗，中国人也这么做，甚至可能比希腊人和罗马人还早。人们最初的想法是试图保持葡萄酒在用黏土罐或者山羊皮酒囊储运中不变质，后来在罗马时代是用木桶。树脂有防腐和抗氧化性能，如果你在你的容器内壁抹上松香，或者涂在酒瓶塞上，你的葡萄酒能保质很长时间。但是，当然酒里也就有了松香味道。鉴于有很多古代酒因此得以很好地保存下来，这也许不是一件坏事。古希腊和古罗马人尤其喜欢这种感觉，特别是那种被称为"假冰镇"的效果，类似薄荷在你口中的感觉。松香酒这种刺激感过后，还会给你一种类似好啤酒的煞口的快感。

松香味葡萄酒现在在减少，甚至在是它传统的中心地

带：雅典周围。但由于它具有最恰当的新鲜凉爽，使其仍然是一种非常动人的饮料。现代松香味葡萄酒出于保护的目的不再需要树脂，所以树脂松香块就添加到了未发酵的葡萄汁里，让酵母去提取所需的味道。所以现在少了很多味道。一百年前，他们可能会在每 100 公升葡萄酒里添加 7.5 千克的松香，足够让你的嘴唇脱皮。到了 20 世纪 50 年代，仍然有 2.5 ~4 千克的松香添加入葡萄酒，但是商品酒的负载越来越少。所以当欧盟针对松香酒立了法，只允许每 100 升含 0.15~1 千克的松香。难怪人们停止喝它了。如果你不能接受松香，就不要去尝试。但总有一些加利福尼亚狂野之人喜欢在酒里多添加一点儿，所以它可能会卷土重来。

在地中海白松树身上刻出一排鱼骨形的裂口，让树脂流出来，很像是从枫树里提取糖浆

啊，它又回来啦！半公升冰镇过的铁盖酒瓶重重地放在你餐桌上和一堆皮塔饼（pita）、希腊红鱼子酱沙拉（aramasalata）放在一起，那种性感的地中海夜晚的香味正在你面前飘舞

When you're sure
they can serve you Blue Nun,
ask for the menu.

Blue Nun from SICHEL
right through the meal

澳大利亚人在反葡萄酒造假方面是专家，这个红色袋鼠（Kanga Rouge）标签极其滑稽，但格罗戈烈酒（grog）是不错的。库纳瓦拉西拉子（Coonawarra Shiraz）也确实是美味的东西

这个 20 世纪 70 年代的蓝色修女（Blue Nun）广告，见证了当它的名气达到高峰，使销售量暴涨之前所保持的"独有的"吸引力

20世纪70年代
葡萄酒品牌

创建葡萄酒品牌有各种各样的原因。有一次，正如穆顿·卡德特（Mouton Cadet）在20世纪30年代的波尔多所为，他们为大桶的看似卖不掉的葡萄酒改换了一个全新的酒标设计。真是一个聪明的且孤注一掷的销售方法。

有时，现代品牌如澳大利亚的"黄尾袋鼠"（Yellow Tail）和美国的"花山酒业"（Blossom Hill），都采用简单的利润驱动模式，方法就是：设计一个形象，并向市场推出此形象，然后围绕此形象大做广告，最后找一款符合他们要求的葡萄酒装瓶销售。若要真正树立一个品牌，从一个一流的葡萄酒起步到变得大受欢迎，需要较长的一段时间。要不然就是去吸引那些瞪着双眼贪以牺牲质量和品格去换得市场份额和利润的金融家和商人们。在澳大利亚，此类显著的例子有哈维（Harvey）的布里斯托尔奶油雪莉（Bristol Cream Sherry）、红牌袋鼠（Kanga Rouge）和罗斯蒙特酒业（Rosemount Estate）。其中最著名或者说声名狼藉的就是"蓝色修女莱茵白葡萄酒"（Blue Nun Liebfraumilch）。

我一定是还活着的、为数不多的高品质"蓝色修女"的粉丝之一。但是我爱的是1921年份的"蓝色修女"，酒标上有精选（Auslese）字样（即：真正特别，较晚采摘）。我在它70岁时喝掉了它，甜美的香味宛若富足的秋天和夕阳古道。多么好的品类！西切尔（Sichel）公司在1921年创造了高质量的产品"蓝色修女"，来挽救第一次世界大战后德国市场的崩溃。最初，酒标上前面的

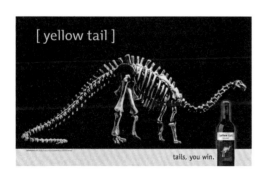

依靠聪明的广告和营销，而不是葡萄酒本身的风味，将"黄尾袋鼠"（Yellow Tail）打造成为二十一世纪最成功的葡萄酒品牌

两个修女穿着棕色服装，后面背景里的修女们穿着蓝色服装。到了70年代，修女们都换了蓝色衣服。1985年，英国的葡萄酒消费几乎有一半是德国产品，主要是莱茵白葡萄酒（"蓝色修女"是最著名的莱茵白葡萄酒），每年全球销量达到了200万箱，仅在美国就有125万消费者。这不是因为酒的质量，而是因为营销。在90年代，英国电视节目里一位虚构的主持人艾伦·帕特里奇（Alan Partridge）指名"蓝色修女"是他最喜欢的葡萄酒，在吉米·亨德里克斯（Jimi Hendrix）登上伍德斯托克（Woodstock）音乐节舞台之前，艾伦在舞台前牛饮"蓝色修女"，一扫吉米·亨德里克斯的高冷气息。真是条汉子！

其他的质量品牌，例如哈维的布里斯托尔芳醇（Harvey's Bristol Cream），曾是一款很好的旧瓶装淡甜雪利酒（Old Bottled Pale Cream Sherry），推销者把它改成了小蓝瓶，招致的嘲弄多过乐趣而成为笑柄；红牌袋鼠也被认为是一个早期澳大利亚品牌的笑话。我这里还有一瓶1978年的库纳瓦拉西拉子（Coonawarra Shiraz），是在市场推销之前收藏的顶级产品。罗斯蒙特酒业（Rosemount Estate）在进行市场推销之前是悉尼附近猎人谷（Hunter Valley）一个极其出色的单一品种葡萄园，金钱把它转化成了折扣出售商品。

每当我看到全新创立的品牌出现时总是无比开心，例如"黄尾袋鼠"，因为在选择葡萄酒时，品牌可以驱除恐惧，在一个令人迷惑的领域中提供保证，品性稳定而不随意，它们在葡萄酒市场上有它们的名字和形象，而不是仅是它们拥有内在品质。一位形象识别专家说，"这不是由你说什么好话来决定的。而是因为你说不出太多关于它的坏话。"即便这可能意味着减少红葡萄酒的单宁、白葡萄酒的酸性，以及为两者增加糖分，但因此给予人们快乐并吸引数百万人去喝葡萄酒。品牌在20世纪已经做了了不起的工作。无论如何，它们为更高的目标提供了起跳点。

1971年
德国葡萄酒分类

最近德国热衷于谈论尝试对葡萄园进行分类，以区别谁家更好。其实自18世纪以来，就有根据葡萄的成熟度和葡萄汁的自然糖分含量来确定质量的做法。

在德国北部这样的地方，一切甜品都被长期珍藏，因为大自然赐予的甘甜美果很少，偶尔得到味甜丰美的葡萄酒，人们便要朝天赞美神灵。然而，因为德国的秋季气温较低，冬季绝对酷寒，许多葡萄酒都不会完成发酵，所以葡萄酒里有一些残留糖。德国人也是最早发现利用硫黄来酿酒的一群人，罗马人曾经使用过这种方法，但是已经迷失在在黑暗的中世纪了。实际上，早在1487年德国对于使用硫黄就有了监管。这对于帮助德国清爽型葡萄酒在生产中避免氧化和产生醋味非常有效。但它对于阻断发酵也有相当的作用，所以他们的酒中仍然有甜味。

在莱茵高（Rheingau）地区确立雷司令葡萄（Riesling）的主导地位是很重要的，这是从1720年约翰山堡酒庄（Schloss Johannisberg）恢复葡萄种植时开始的。最初只有15%的新葡萄是雷司令，但庄园主们很快意识到它的优越性大大优于其他品种，于是酒庄便完全转向了雷司令，从此，雷司令成了德国第一等级的葡萄。这也与人们对自然葡萄酒（Naturwein）逐渐增强的兴趣同步，在1750年前后，人们开始喜欢不加糖和添加剂的葡萄酒。因为雷司令本身就可以酿出令人满意的酒，无须任何添加物。1775年，成熟葡萄晚采摘的概念被接受，从而刺激起追求更高质量的热潮，推迟采摘时间成为一个合乎需求的目标。1787年，约翰山堡酒庄进一步制定了精选采摘方式，即选择采摘那些糖分含量高的贵腐菌葡萄。一年之后的1788年，当地政府在美因茨（Mainz）发出了一般性布告，劝戒当地种植者至少在葡萄完全成熟之前不采摘，最好是只收获那些有"贵腐菌"的过熟葡萄。

这个做法统治了德国葡萄酒长达200年，许多最好的酒庄已使用完全成熟的雷司令常规生产不甜的干型葡萄酒。19世纪，以法律来规范葡萄酒生产的做法开始出现，

一部葡萄酒国家法在1892年颁布，在1909年做了修订；1930年，一部新的葡萄酒法律诞生。1971年，史上最具争议的葡萄酒法规出现。一个棘手问题随之浮出。一般来说葡萄酒法是着重于边界，着重于葡萄酒的产地。而德国葡萄酒法规则过于关注葡萄的成熟水平，特别是1971版，忽视了已成规模的葡萄园，对于允许种what么葡萄品种没做出规定。因此这部法律又被匆忙修改，许多重要的酒庄决定不参加任何类型的评级分类。这是个粗糙的评级分类，偏偏发生在寒冷的德国和以冷静理性闻名的德国人身上，由此你可看出为什么迷恋成熟度就成为了主导思想。至于全球气候变暖，以及其他一些别的问题，就与本主题无关了。

即便如此，我们摘选了以下分类作为资料留存，这只是个梗概。Tafelwein（佐餐酒）是餐桌上的日常葡萄酒；Qba（优质葡萄酒）有一些不凡的质量，但可以加糖；QmP（优质高级葡萄酒）不添加糖，内含自然糖分越多，其声望等级和价格可能会更高；Kabinett（小坊酒）是用一般成熟的葡萄酿制；Spatlese（成熟晚摘）是收获期的采摘手段；Auslese（精选）意味着特定的选择性采摘品，可能含有贵腐菌；Beerenauslese（逐粒精选）意味着葡萄采摘时必须一粒一粒地精选，它们必须是有贵腐菌的；Eiswein（冰酒）是用冰冻的葡萄酿制，它的糖分含量较为集中。每个类别都有更精确的糖分量化，但我认为以上这些已足够代表现在德国的分类了。

左：在这款普法尔兹（Pfalz）传统酒标上，显示有产地村庄、葡萄园、葡萄品种以及成熟度。右：这款酒将是非常基本的日用品，可能是一个完全虚构的酒厂名字。太阳苑（Sonnengarten），听起来很可爱。我很好奇它在哪儿

1974年
博若莱新酿葡萄酒

如果你当时不在那里，你永远不会知道过去那里的 11 月总是何等地令人沮丧。全球变暖似乎导致我们惯常的气候规律乱做一团。现在，11 月的阳光像是雪后的明媚和芬芳，几乎使人睁不开眼睛。

那潮湿、阴暗、有毒的土褐色天空，标志着英国那臭名昭著的沉闷冬季的开始，也标志着那年 11 月总是最糟糕的时刻。那时你会问，太阳还会再发光吗？是的，终会发光的。至少理论上是这样。在 11 月 15 日早上黎明前，全英国都会突然爆发出或是喜悦、或是愚蠢和陶醉的呼喊声："Le Beaujolais Nouveau est arrivé（新酿博若莱红葡萄酒到货啦）"，一直持续到午餐时间。博若莱红葡萄酒之所以能带来这样的嬉闹，因为它是本年里的第一批葡萄酒，生机勃勃地强势登场。这些酒在六周前还是挂在藤蔓上的葡萄。

如果你想给这新酒现象确定一个上市日期，那就是 1974 年 11 月 15 日，这个日子选得很好。在《星期日泰晤士报》（*Sunday Times*）写"阿提克斯"（Atticus）的专栏作家艾伦·霍尔（Allan Hall）想出了一个有趣的噱头，恰好地放入了他那 2.5 英寸的空间里。他说他会在 15 号那天上午等候在报社办公室里，若有人带来一瓶当

年的新博若莱红葡萄酒，他会用一瓶香槟来交换。这只是在专栏里开的一个小玩笑。没想到它却点燃了一场大火。从博若莱（Beaujolais）到伦敦约有五百英里，一群古怪疯狂的英国人聚集起来搞了一场心血来潮的比赛。两个多小时后，一个家伙气喘嘘嘘地跑上楼，来到霍尔的办公室，索要那瓶香槟酒，霍尔甚至还没来得及冷藏它。这位获胜者是一个开婚姻介绍所的家伙，他是带着他的博若莱红酒乘了一架私人飞机过来的。这可不符合这件事的精神。你应该是开车过来，无论你开什么样的车，样式越怪越好，沿着蛛网般的法国北部和英格兰南部的公路从四面八方赶来。这是头三年发生的事情，后来警察出现了，说霍尔和他的同道教唆司机们在女王陛下的高速公路上疯狂竞驶，若不停止这个活动就会进监狱。霍尔他们当然不会选择监狱。

但新酒现象（phenomenon of the Nouveau）不会停止。它已是大多数博若莱人的习惯。自第二次世界大战以来这里遭受了最严重的贫困，现在则是一个繁荣之地。之所以全世界如此渴望这款用当年收获的葡萄酿的新酒，就是它意味着你可以采摘、酿造、灌瓶并在几个月内就能

这家商店显然仍然认为新酿博若莱红葡萄酒即将上架。店主希望所有这些库存都在 11 月的第三个星期四和周末之间全部卖出

我还有一瓶试尝酒，是一个漂亮的小酒瓶，它来自新酿博若莱葡萄酒上架的第一天

这些发型泄露了那个时代——20世纪70年代。（好亲切！其中一个是我吗？）但似乎气氛不热烈，也许他们刚开始喝第一瓶

把酒变现。而且品质高低与否没什么关系。重点在于是否看起来富丽堂皇、珠光宝气，舍本逐末。到了20世纪80年代末，超过60%的博若莱红葡萄酒产量是在11月销售出的，因为新酒点燃了聚会的热情。

这种狂热现在已经消失了。南半球的酒厂可以给我们更好的"新收获季"葡萄酒来庆祝我们的11月。但那些真正痴迷博若莱新酿葡萄酒现象的心仍然在跳动。在收获

季节里品尝新酿的葡萄酒，新鲜得仿佛葡萄还没有离开藤蔓便已经进入你的口中，这是何等令人激动的快乐体验。在里昂市（Lyons），不知从何时起这就成了喝博若莱的传统发源地。在50年代和60年代巴黎人的小酒馆里，这些新鲜葡萄酒带来了喜悦和快乐，没有吵闹，没有高昂的价格和狂妄的公关噱头。而这正是他们今天还在做的事情。

大卫·列托经历过艰难的开始。这些橡木桶看上去不是很新，
墙壁看起来不很干净，戴绒线帽的他看上去也很冷。但列托
是在与俄勒冈州南面的加利福尼亚的温暖和活泼进行抗争。
我怀疑他是否会有和他从前一样的快乐

大卫·列托的做法与那些自我吹嘘的人截然不同。
他的"南方珍藏级黑皮诺葡萄酒"（South Block
Reserve Pinot Noir）甚至没有一个像样的印刷酒
标。这款酒在 1979 年巴黎举办的高尔特 - 米洛
（Gault-Millau）品酒会上获得胜利

鹰巢葡萄园的黑皮诺

大卫·列托（David Lett）不是在俄勒冈州（Oregon）种植葡萄的第一人。他甚至不是第一个种植黑皮诺葡萄的人。但他以小气、急躁、一根筋的方式定义了现代俄勒冈葡萄酒。

他坚定不移地与加利福尼亚对着干，终于达到了他的目标。他之所以选择了黑皮诺葡萄，就是因为它完全不同于加州种植的硕大强壮的赤霞珠（Cabernets）、梅洛（Merlots）和仙芬黛（Zinfandels）葡萄。他之所以选择了俄勒冈州，就是因为这里的多雨、多雾以及不可预测的泥泞，完全不同于加州始终和煦的阳光。

从俄勒冈小道（Oregon Trail）第一趟货运列车上下来的定居者们，于1843年在俄勒冈州的南部姆普夸山谷（Umpqua Valley）建立了一些葡萄园。威拉米特山谷（Willamette Valley）现在是俄勒冈葡萄酒的中心地带，这里的第一种酿酒葡萄早在1847年就开始种植。在19世纪前十年的后期，一小批勇敢的家伙，大部分是德国人，从加州北上，找寻更像自己故乡偏冷气候的地方来种植雷司令葡萄。后来又从加州来了一些移民，之后就有了几代人。但这时的威拉米特（Willamette）山谷并不是德国人梦中的美国"莱茵地区（Rhineland）"，而是个世界万花筒，这里的居民来自世界各地。他们带来了黑皮诺葡萄藤，梦想着将俄勒冈变成美国的勃艮第（Burgundy）。

黑皮诺对于这些人是奇怪的事物，也许因为它看上去是如此反复无常，似乎来自勃艮第土地上的葡萄藤难以移植在这里。也许是因为即使在勃艮第也需要专业人才、献身精神以及适合的灰白土壤，以及成功所必须的运气。也许是因为在60年代，当这些加州流亡者陆续到达，他们尊崇美味和金银丝细工织物。但是上好的勃艮第红酒着实少见，此时世界每年都大肆宣传用赤霞珠和梅洛酿造葡萄酒。不管怎样，过度使用的"圣杯（The Holy Grail）"一词被这些新来者所采用：俄勒冈州将提供"圣杯"。终于，在这个世界的上另一块土地上，黑皮诺又创造出与勃艮第别无二致的红葡萄酒。

这个小队的老大是鹰巢葡萄园（Eyrie Vineyards）的大卫·列托（David Lett）。他过去学的是牙医，后来他改变了主意，转而进入加州戴维斯大学（University of California, Davis）研究葡萄栽培（不是酿酒），这里是美国葡萄酒业的温床。他在瑞士和法国阿尔萨斯（Alsace）以及勃艮第中学会了酿酒。回到加州，戴维斯的专家们告诉他在加州没有较冷的地方适合种植黑皮诺葡萄，但是俄勒冈又太冷太湿不能种植任何东西；尽管他可能会选择用黑皮诺酿造白葡萄酒，成熟期也将比加州晚六个星期。无论如何，一位教授开玩笑说，"在春天和秋天里你的皮肤会布满冻疮，在整个夏天持续下雨，脚气会长到你的膝盖"。列托了解种植高品质葡萄的高风险因素，夏日阳光不足，收获期总会下雨。然而就是这样的风险却激发起他探索类似勃艮第的可能性。他在一个"尿片桶"里酿造出了1969年黑皮诺酒，到了1970年，他逐渐摸到了窍门，从此以后渐入佳境。1979年，法国食品和葡萄酒杂志《高尔特－米洛》（Gault-Millau）在巴黎举办了一次葡萄酒奥林匹克运动会，列托的"1975南方珍藏级黑皮诺葡萄酒"在330款参赛酒中名列第三。法国人无法相信。他们着重加强了勃艮第葡萄酒，重开竞赛。鹰巢（Eyrie）这次位居第二，超过了1961年份的香贝坦红葡萄酒（Chambertin），仅比1959年份的香宝利－蜜思妮（Chambolle-Musigny）少0.2分。随着这次一枝独秀的绽放，大卫·列托用他的1975鹰巢黑皮诺证明了俄勒冈能够酿出与勃艮第相媲美的葡萄酒。俄勒冈州现在能有全美国最好的黑皮诺勃艮第葡萄酒的声誉就要追溯到那位倔强的坏脾气老头，以及他在一个火车道旁边老旧的火鸡饲养棚里酿出的那一小桶酒。

1975年
白仙芬黛葡萄酒

这肯定不是我所期待的。我参加过伦敦蒙达维（Mondavi）大型品酒会，品的都是庄重的红、白葡萄酒，你以为午餐时东道主会拿出几瓶来喝。一些陈酿珍藏级赤霞珠（Reserve Cabernets）总是受欢迎的，单一葡萄园的霞多丽也同样受青睐。但蒙达维为我们提供的却是粉红葡萄酒配午餐。是的，只有一种"白里透红"的粉色酒，相当甜。怎么回事？

这是在 20 世纪 90 年代初，那款他们叫什么"白仙芬黛"（White Zinfandel）或"粉红"（Blush）的葡萄酒曾是 80 年代的一个葡萄酒营销现象；酒厂从它身上赚了很多钱，蒙达维和贝灵哲（Beringer）酒庄也忍不住加入了低价促销大战。事实上他们起到了很好的示范效果，风味远比一款典型的玫瑰葡萄酒里那桃子和奶油以及葡萄和烤烟的混合味道要好。即便如此，在一个丰盛的伦敦西区（West End）午餐上，这也不像那么回事儿。

有一位自称是葡萄酒行家的人说话了。为什么不？这是一款很好喝的绝佳美酒，难得不是吗？是的，它可能是。毕竟是来自贝灵哲（Beringer）酒庄或蒙达维酒庄嘛。它们都是非常精明的酒厂。但是"白仙芬黛"的开端却不高明。它甚至还没有确定目标便登场了。像许多创新型葡萄酒一样，只是又有了一个新面孔出现。仙芬黛（Zinfandel）是加州原生红葡萄品种。所以可能很多人想用它酿造粉红葡萄酒。有资料显示，它在 19 世纪 60 年代便用于酿酒；当罗伯特·路易斯·史蒂文森（Robert Louis Stevenson）在 1880 年来访时就喜欢上了它。最近的例子是保罗·德雷伯（Paul Draper）在 1970 年发布了一款"山岭白仙芬黛"（Ridge White Zinfandel）。但这些酒其实可能都是干型玫瑰葡萄酒（dry rosés）。这是为什么白仙芬黛没有成为 80 年代美国最受欢迎的葡萄酒的原因。

鲍勃·崔切洛（Bob Trinchero）在纳帕谷（Napa Valley）经营着一家叫做萨特（Sutter）的小型酒厂，生意不太好，但鲍勃在阿玛朵郡（Amador County）发现了一条有 120 岁的仙芬黛葡萄藤，这是个在内华达山脉（Sierra Nevadas）淘金大潮中形成的乡村。葡萄因自然杂交而颗粒硕大。他在 1968 收获了全部的果实，酿造一些深色红酒，第一次使他的葡萄酒获得了体面的评论。在此之前，萨特家族（Sutter Home）曾经每年酿造 52 种不同的葡萄酒。在这之后，萨特家族成了专酿仙芬黛的酒厂。此举确实很勇敢。后来仙芬黛变得有点儿过时了。种植者砍掉了老葡萄藤，改种新时尚的赤霞珠和霞多丽。这里的故事有点儿模糊。有人说崔切洛（Trinchero）对萨克拉门托（Sacramento）市的专家透露，他想酿造白葡萄酒；这位专家却说仙芬黛葡萄可以酿出很好的粉红玫瑰酒。也有些人说有一年他的红酒有点儿单薄，所以他在另一个酒桶里添加了一些葡萄皮以加深颜色，放弃了一些准备出售的粉色葡萄酒。但这些都是干型玫瑰酒。他肯定在 1972 年酿了几百箱干型玫瑰酒，但毅然决然转变。那么他决定开始酿造更新鲜、更有果味、更甜的葡萄酒了？或者在 1975 年中断发酵，为消费者在浅粉色的新鲜果味仙芬黛酒里保留下了一些他们喜欢的残糖？

1975 年的几百箱酒在 1980 年变成了 47000 箱，到了 1987 年又达到了 300 万箱。白仙芬黛桃红葡萄酒（White Zin.Blush wine）成了通用术语。这是在 80 年代成功的营销，其影响力直到现在仍然能感觉得到。那些大品牌仍然销量未减少。我想想它培养了一些不喝酒的人成为了酒徒，而且成了它的忠实拥趸。这扭转了加州仙芬黛葡萄产量下降的趋势。数千英亩的新葡萄园都种上了仙芬黛葡萄，只用于酿造"桃红"酒。高产的藤蔓在平坦肥沃的土地上很容易实现机械化，不需要额外的昂贵花销。它们就是为了"桃红"酒而生。但更重要的是，没有人再去淘金潮的阿玛朵丘陵（Amador Hills）撕扯那些 120 岁高龄的葡萄藤了。

萨特家族在纳帕谷的美丽家园。萨特家族的白仙芬黛酒不混合使用任何当地的纳帕葡萄

这可能是这一切的起点——萨特家族酒的 1975 年份酒，法语酒标 "de Perdrix Oeil"（鹧鸪眼睛），寓意着淡粉的颜色。有了白仙芬黛，短期内你可以不再需要装腔作势的法国酒了

萨特家族可爱的浅红色仙芬黛（White Zin）在 1975 年首次小心翼翼的出场，成为 20 世纪葡萄酒营销的巨大成功案例之一

左边就是詹尼·佐尼（Gianni Zonin），他正在种植他的第一个弗吉尼亚葡萄园。距第一次在这里试种葡萄已经过了 370 年

托马斯·杰斐逊似乎很喜欢为他的朋友们设计房屋。他从哪里找到的时间呢？这座巴伯斯维尔（Barboursville）大厦借鉴了许多帕拉弟奥（Palladian）建筑风格，他也在蒙蒂塞洛（Monticello）自己的家里使用了这种风格。它在 1884 年圣诞节那天被烧毁。我一直认为在圣诞节烤布丁总是有点儿危险

这是第一款巴伯斯维尔葡萄酒，用 1978 年的赤霞珠苏维农葡萄酿造，是那三百多瓶中的一瓶。它引发了那场迟到的复兴，或者你可以说，现代弗吉尼亚葡萄酒迟到许久的重生

1976年
巴伯斯维尔的赤霞珠

你不能说他们没有尝试。这些英国人于 1607 年在弗吉尼亚州的詹姆斯镇（Jamestown）扎下营盘，他们要做的第一件事就是种下他们从欧洲买来的葡萄藤植株。

说起来容易做起来难。如果你在一片沼泽地里扎下帐篷，与不友好的当地人为邻，会是什么感觉？他们没有成功。在这里饥饿是比醉酒更加普遍的状态。不过，这些定居者们卷土重来再次尝试。一群具有坚韧灵魂的人在 1619 年来到了这里，立志要 …… 赚钱，没错。弗吉尼亚公司（The Virginia Company）像所有其他的贸易公司一样，赚到钱后，认为可以向英国商人供应那些在欧洲大陆战争里无法获得的东西，如丝绸、橄榄油和葡萄酒。詹姆斯镇"十二条"组织（"Acte Twelve" of the Jamestown Assembly）在 1619 年诞生，这是第一个民选组织，它规定每个家庭的领头人必须在他的土地上种植 20 株进口欧洲葡萄藤。

这条规定是不错的。但你如何保持葡萄生长呢？浣熊、黑熊、鸟和鹿就像过圣诞节似的一起来到这里吃新鲜水果。各种各样的真菌高兴地欢迎新猎物。这些定居者们很快发现，本地有一种叫作烟草的作物能像杂草般快速生长，它能给你带来所有你可能想要的收益。还有一些别的东西。一个无情的隐形的敌人，执拗地要破坏这些来自欧洲的葡萄作物，它就是葡萄根瘤蚜虫病（Phylloxera vastatrix）：一种小小的蚜虫造成的巨大损害。

没有人知道这种致命的蚜虫是什么东西，它原产于美国的东北部，当地藤蔓物种都能够与它共存，但来自欧洲的酿酒葡萄或者其他外来葡萄不能。蚜虫吃其根系导致葡萄藤死亡。在整个 17 世纪里，葡萄藤都死了。弗吉尼亚人在 18 世纪再次尝试种植，托马斯·杰弗逊（Thomas Jefferson）在蒙蒂塞洛（Monticello）试图种植欧洲葡萄藤蔓长达 36 年，从未酿出一瓶葡萄酒；乔治·华盛顿（George Washington）也曾在芒特弗农（Mount Vernon）尝试了 11 年，然后放弃，转产了苹果白兰地。

酿酒师在 19 世纪继续努力，终于取得了一些成功，但只限于本地葡萄品种，不是酿酒用葡萄。

进入 20 世纪后，禁酒令（The Prohibition）、大萧条、世界大战、可口可乐和奶昔 …… 接踵而至，你还能经历多少挫折打击？但现在，种植者知道如何对付葡萄根瘤蚜虫了，就是把欧洲酿酒用葡萄例如霞多丽和赤霞珠，与美国本土的小苗嫁接。那个人以足够的想象力，或者称为疯狂，为酿酒用葡萄在弗吉尼亚州提供了一次生存机会。

那个人是詹尼·佐尼（Gianni Zonin），意大利最大的家族葡萄酒公司的老板。他在一年秋季访问弗吉尼亚便爱上了这里，他没法不爱上这里，他想这是一个多么适合葡萄园的美妙之地呀！而过去的历史说："是吗？"因为前人自 1607 年以来的努力从未有过成功。当地官员为佐尼递过来雪茄，说"弗吉尼亚的未来是烟草，不是葡萄酒"。但他们错了。佐尼买下了巴伯斯维尔庄园（Barboursville Estate），它就位于托马斯·杰斐逊设计的一座大厦的废墟旁边。1976 年 4 月 13 日，他翻开了土壤。1978 年，这里生产出了三百瓶左右的赤霞珠葡萄酒。从那时起，弗吉尼亚竟然因种植葡萄而得到了世界范围的声誉，因为其他地方很难种植优质酿酒葡萄，例如维欧尼（Viognier）、小芒森（PetitManseng）、味而多（Petit Verdot）和内比奥罗（Nebbiolo），这些都是能够酿酒的好葡萄。但这一切都开始于 1978 年的巴伯斯维尔赤霞珠苏维农葡萄，多么艰难的开始啊！

1976年
巴黎的评判

巴黎的春天，啦啦啦啦啦。多么可爱的品酒季节！尤其是一个富有幽默的庆典活动。所以在 1976 年 5 月 24 日，当一群尊贵的法国著名葡萄酒专家来到巴黎洲际酒店（Intercontinental Hotel in Paris）品尝众多美国葡萄酒时，这就是他们内心的欢快歌唱。

1976 年是美国《独立宣言》（American Declaration of Independence）诞生 200 周年纪念。这次品酒会被视为法美长期相互尊重和友好的历史关系的展示。法国人在二百年前对于羽翼未丰的美国摆脱英国的监管帮助巨大，所以现在他们自己酿出了很好的葡萄酒。让我们再给他们一些鼓励。

如果这就是这些法国专家们所思所想，史蒂文·斯普瑞尔（Steven Spurrier）却有着更雄心勃勃的想法。这个年轻的英国人，他有一家巴黎最好的葡萄酒商店之一，和一个葡萄酒学院（Academie du Vin）；他通晓法国葡萄酒的里里外外，了解法国葡萄酒领域里所有领军人物，但他也是一个激进分子，甚至有些革命性。如同他对法国的深爱，对于加利福尼亚和澳大利亚葡萄酒的惊人发展他也很清楚。这次二百周年纪念活动看起来似乎是个难得的撼动法国自满地位的绝佳良机。就是他组织了这个巴黎品酒会，但不仅仅是品加州葡萄酒，他也选择了一个最佳范围的法国顶级葡萄酒。他会把它们混合起来盲品，做好标记后再宣布获奖者。

史蒂文对法国人有着透彻的了解，他知道如果他告诉他们这是一次法国与加利福尼亚的品酒竞赛，这些专家们就不会出席，因为这关系到各方面的骄傲和声誉。参加品酒会的嘉宾有：国家原产地管理研究所负责评判葡萄酒的人是一位品酒师，波尔多列级酒庄的负责人是勃艮第最大酒庄的合伙人，还有两家法国葡萄酒权威杂志的编辑，两家三星级米其林餐厅老板，这些人在凭借他们的嗅觉和味觉来评判葡萄酒的味道和质量方面，都取得了职业生涯里的显赫盛名。所以当他们抵达品酒会时，他只告诉了他们添加了一些法国葡萄酒。有些人可能会拒绝参与。然而没有人提出退出。可能是因为他们完全相信，能上得了台面

的任何像样的酒都会是法国货，非常容易识别。

斯普瑞尔当然没有在加州葡萄酒上押宝。他拉进品酒会的一些最著名的勃艮第白葡萄酒是来自科多尔省的莫索特（Meursault）和皮利尼蒙特拉谢（Puligny-Montrachet），还有波尔多的两家一级酒庄和两家二级酒庄的头二名。法国人认为法国肯定会赢，所以每一个葡萄酒评委们为那些他们感觉喜欢的酒投了票，认为它们肯定都是法国酒。当酒瓶的遮蔽物揭开后，这些最受喜爱的"法国酒"居然是加利福尼亚葡萄酒！加州蒙特兰纳酒庄（Château Montelena）以 1973 年份霞多丽（Chardonnay 1973）击败了莫索特的卢洛酒庄（Roulot）和皮利尼蒙特拉谢的莱夫酒庄（Leflaive），加州鹿跃酒庄（Stag's Leap Wine Cellar）以 1973 年的赤霞珠（1973 Cabernet Sauvignon）击败了木桐罗斯柴尔德酒庄（Mouton Rothschild）和侯贝酒庄（Haut-Brion）。

法国裁判们一时没有反应过来。其中一个人试图更换法国葡萄酒的记号，想把排名提高。其他裁判则拒绝把他们的品酒笔记交给斯普瑞尔。有个人甚至抗议他被诱骗参加了这个"叛逆"活动。与会的法国媒体似乎都偷偷溜走了，没有相关的故事报道出现。但一个记者没有走，《时代周刊》（Time）杂志记者乔治·泰伯（George Taber）很偶然地来到现场。他不敢相信他所看到的这一切。他在《时代周刊》上写了这个故事，题为"巴黎的评判"。法国人还试图不予理会。但这是一个极其重要的时刻，来自加利福尼亚的年轻挑战者打败了法国葡萄酒的中坚精英。上帝和时代赐予的世界最好的葡萄酒圣地不止一处。加利福尼亚曾经模仿法国的顶级葡萄酒，现在它取代了它的偶像，自己站上了顶峰。

这大约是在 1976 年你所能够组织到的一个强大评判阵容。但参与者都为
神奇的加州葡萄酒的质量投了赞赏票，他们认为那些都是法国酒

这就是在 1976 年里那一段短暂的时间里，世界上最著名或籍籍无名的白
葡萄酒：加州新贵霞多丽，它击败勃艮第的诸多精华酒

这是一位幸福的品酒师的肖像，世界上最伟大的酒评家在工作中。在他手里的是 1990 年的帕图斯酒庄酒（Petrus 1990），2000 年的白马酒庄（Cheval Blanc）也准备东山再起，还有一瓶闪耀着金色光泽的 1948 年的多西戴恩（Doisy-Daëne）苏特恩白葡萄甜酒（Sauternes）作为压阵

1978年
帕克分数

当罗伯特·帕克(Robert Parker)在20世纪70年代末开始写葡萄酒评论时,他将自己视为拉尔夫·纳德[1]运动的一员。他从基础开始,揭露平庸和糟糕的葡萄酒、质问高价葡萄酒,以及寻找"价值",证明5~10美元的葡萄酒尝起来并不差于价格比其高两到三倍的酒。

他说他的目标是实现葡萄酒的民主化,给这个世界的葡萄酒提出忠实、公正意见。因为大多数葡萄酒评论者为了交易而过于功利。实现这一目标的最好方式,是他采用的100分成绩单,这在美国人的学校里很常见。它很简单,分数越高,说明葡萄酒越好,美国的做法是从50分开始,100分为满分。非常简单,不是吗?然后选择去买那种你想要的或能负担得起的等级葡萄酒。虽然帕克的散文式评论很轻松愉快、数量多且知识量大,但仍然鲜有人捧读;人们只阅读分数。这也是优秀沟通者的强项和弱点所在。帕克希望你细读他的意见,而不是检查分数。但这并不是我们生活的世界。毫无疑问,帕克创造了这个新世界的一部分。

他成名于他对波尔多1982年份酒的纯粹评论。帕克的热情评论被商人们关注并引用,使得他们的销售飙升。但最重要的是,他们学会了评分。他们意识到这个简单的方法对于支持葡萄酒具有营销工具之外的价值。帕克的影响力在20世纪80年代日益增强,因为葡萄酒零售商、进口商、批发商和收藏者都开始关注他的打分和观点。随后生产商也跟了进来。很快整个专业葡萄酒界——现在都是优质成品酒而不是基本材料——非常渴望了解他的思想。尤其是在波尔多和加利福尼亚,他的观点可以成就或者毁掉名誉;葡萄酒生产者因此越发努力取悦他的口感。在世界其他地区,例如西班牙、意大利、澳大利亚,帕克的口感成为顶级生产商们的无比重视的考量,因为95分的成绩影响着数百万美元的收入。

帕克已经改变了葡萄酒的酿造方式——葡萄成熟、多肉味厚,然而在他之前难道就没有人对瘦、弱、老的品种做过改进吗?令人感到鼓舞的是,他的民主化尝试已经创造出了一群精英;他的评分系统提供了确定性,使得不确定性难以生存,以其个人的见解为人们的辛苦所得提供了快乐无忧的保障。它消除了长期的争论,树立了诚恳的商榷,确保了葡萄酒世界那主观的、不可预知的美妙命脉。随着帕克评论逐渐放慢,一批博客、推特和评论家找到了贡献出上千种不同的观点的信心,他也可以放心地休息了。他比任何其他作家对于葡萄酒世界的改变都要大。好还是不好?这是每个人的主观问题。

这就是我喜欢看到帕克做的事情——搜寻具有价格公平、可口、有风格的葡萄酒

---

1. 拉尔夫·纳德:美国消费者权益之父。

1979年
作品一号

估计菲利普·德·罗斯柴尔德男爵（Baron Philippe de Rothschild）在他自己的卧室里做了 90% 的生意，更准确地说是在他的床上。是现在，没有误解。也许是菲利普男爵在 1978 年 8 月与罗伯特·蒙达维（Robert Mondavi）在加利福尼亚会面让他开启了这段"色彩斑斓的"生活。

但如果你想显示你是老大，这样做是个不错的方式：慵懒地躺在硕大的床上，陷在一堆枕头里面接见你的合作伙伴，此时对方看起来几乎像一个渴望得到你包涵的恳求者。这种想法也可能一直在罗伯特·蒙达维的脑海里萦绕：葡萄酒新世界正面挑战旧世界的王权。但他此时承担着一个使命。这个使命是他渴望要与波尔多的一级酒庄木桐罗斯柴尔德（Bordeaux First Growth Mouton Rothschild）成立一家合资公司，从而使他的加州葡萄酒获得正统的地位。

罗伯特·蒙达维需要男爵来帮助他将其纳帕谷（Napa Valley）葡萄酒改造成为与法国葡萄酒同等的地位，而菲利普男爵（Baron Philippe）并不需要蒙达维。但此时男爵却想接受他。男爵一直是一个不安分的、雄心勃勃的、活力无限的人。他已经为他的木桐罗斯柴尔德酒庄奋斗了 50 年，终于在 1973 年被重新归类为波尔多一级酒庄。他现在 76 岁了，若再迎接一个挑战，为什么不选加州？在第二次世界大战之前，他曾在好莱坞短暂地做过电影制片人，他还经常在圣芭芭拉（Santa Barbara）度假。在 20 世纪 70 年代末期，法国的政治形势越来越动荡不安。早在 1970 年，他曾经试着向罗伯特·蒙达维提到过他对加州赤霞珠葡萄酒有兴趣。现在他就要开始行动了。

建立合资企业的会谈非常轻松，因为双方都是如此渴望。当罗斯柴尔德建议蒙达维可否将他的一些葡萄园土地出售给这个合资企业时，会谈出现了唯一的停顿。"你会卖你的土地吗？"蒙达维反问道。当然不会。那么蒙达维也不会。他们将着手收购葡萄并在蒙达维的酒厂酿造葡萄酒。他们会另外寻找并购买土地建造一个葡萄园，然后再建立一个酒厂。酿酒将由罗斯柴尔德的酿酒师和蒙达维的酿酒师共同完成。此时，他们需要一个品牌名称和一款酒标。这对于两个自我的、平等的伙伴来说，并不是那么容易。各种名称来来往往反复琢磨，例如有：联盟、二重唱、双子座（罗斯柴尔德喜欢这个名字，但蒙达维告诉他这是旧金山主要的同性恋报纸的名字），最后，名字确定为"作品"（Opus）；如同伟大作曲家、伟大的作家命名他们的作品一样，两人共同出产的大酒瓶葡萄酒就是他们的作品。这是由大师创作的第一件作品，故名作品一号（Opus One）。酒标设计过程经过了两年，最后创建了一个古罗马双头神的形象，罗斯柴尔德的头像仅仅是稍微高一点儿，但蒙达维先签了名，所以荣誉应归于他们两人。

但在起名和设计酒标之前，葡萄酒必须先开始酿造。法国团队的工作风格细腻，加州的团队则更强势一些。原料为赤霞珠苏维农葡萄（最初的葡萄酒是 100% 赤霞珠，而现在混合了一些其他品种，赤霞珠仅占主导地位）。但它基本是按照木桐罗斯柴尔德酒庄的方式酿造的，因为尽管蒙达维非常自信，但他也知道与波尔多最好的酒庄之一建立了这种关系，能够将他的酒厂声誉提升到一个全新的水平。无论如何，如果"作品一号"团队能让纳帕谷赤霞珠的味道尝起来与波尔多一级酒庄的相同，这将是一个巨大的变革。

最后的变革更多地是在营销方面。他们设法预售第一箱未具名且未装瓶的 1979 年份葡萄酒。当时在一个慈善拍卖舞台上出现的名称叫作"纳帕梅多克"（Napa Médoc），以 24000 美元售出；平均 2000 美元一瓶。当作品一号终于在 1984 年正式登场时，售价定在 50 美元一瓶。但它仍然是价格最昂贵的纳帕谷葡萄酒。在特立独行的天才罗斯柴尔德男爵帮助下，蒙达维和他的酒厂登上了世界舞台。所以就有了纳帕谷的完整故事。

这就是超现代化的"作品一号"酒厂。它占地面积很大,所以你可以肯定这不是坐落在罗伯特·蒙达维最好的葡萄园内

著名的"1979年作品一号"。在这款酒标上有两位非常骄傲的酒业巨人,两人头像完美地融合在一起,下面有两段骄傲的概要文字和两个有力的签名与之平衡

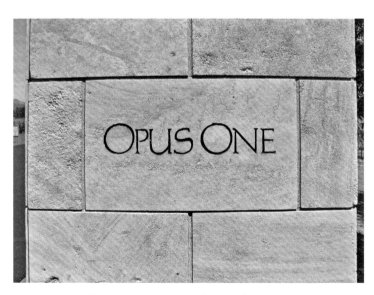

这是酒厂的门牌,嵌在石头门柱上。"作品一号"打算存在很长一段时间,要超过木制门牌或者金属雕刻门牌的寿命

这三款葡萄酒改变了英国的酒文化。它们的味道相当好，但却截然不同。然而它们价格不菲：你迅速买下它们。毕竟，为一种有担保的味道付出更多钞票是值得的

20世纪80年代
品种的标记

我印象中喝过的第一款单品酿造的葡萄酒是南斯拉夫的卢瑟雷司令（Lutomer Riesling），记忆不是很准确。在我三岁时，还曾经被灌过几口"我妈妈的"黑李子果葡萄酒，但还能坚持站着，那应该发生在圣诞新年后，卢瑟雷司令相当不错。然后发生了什么？

我在学生时代以及其后的时间里，周游了这个伟大广阔的世界。除非你像我一样是个葡萄酒狂人，否则你会觉得任何不太高级的葡萄酒瓶上贴的标签都是难以理解的。为什么在德国葡萄酒的名字里有那么多音节和变音符号？为什么法国酒标要用令人迷茫的地名、分类？是否酿酒师爱留胡子？没有任何人会在我买酒之前告诉我这款葡萄酒尝起来像什么吗？

为葡萄酒的味道做出最完全彻底和最根本的贡献者是酿酒葡萄的品种。在过去，葡萄园里的一切乱成一锅粥；但在我们这个时代，每人都知道各个葡萄品种都生长在各自的葡萄园里。为什么他们不告诉我们？每一个葡萄品种与其他品种是不同的，就像苹果与苹果不一样。加入我们被蒙住眼睛后分辨三个苹果，例如，考克斯的橙色皮蓬苹果（Cox's Orange Pippin）、澳洲青苹果（Granny Smith）和美国金冠苹果（Golden Delicious），我向你保证，如果没有超强的味觉，任何人都不能描述出味道的不同。葡萄的各个品种也是一样。事实上，它们之间的差别更大。霞多丽（Chardonnay）、长相思（Sauvignon）、雷司令（Riesling）、琼瑶浆（Gewürztraminer）归于白色簇，梅洛（Merlot）、赤霞珠（Cabernet Sauvignon）、黑比诺（Pinot Noir）、桑娇维塞（Sangiovese）归于红色簇。它们是如此的不同。为什么不把它们的名字放在酒标上呢？

在20世纪30年代，美国有一个葡萄酒作家叫弗兰克·斯库梅克（Frank Schoonmaker），还鄙视那些在酒标上标注葡萄品名的一些的生产商。这种现象在欧洲持续了很长时间，依我说是直到80年代。之后，嘈杂的澳洲佬（Aussies）蜂拥而至。当看到欧洲的酒标规定是何等复杂和不友好时，他们做出决定：OK，我会告诉消费者我的名字是什么，我住在哪个国家，我使用什么葡萄品种酿造我的酒。如此简单。为什么以前没有任何人这样做过？

一次伦敦葡萄酒展示会给我留下了深刻印象，不是因为我尝过的一系列例如像博若莱（Beaujolais）、密斯卡岱（Muscadet）这类相当无聊的法国葡萄酒。而是因为一位毛茸茸的、穿着黄色卡其布衣服、神情不太愉快的人走到我身旁，用浓重的澳大利亚口音说，"你们这些家伙喜欢什么样的葡萄酒味儿？"我冲动地几乎要清洗一下这里的空气，以结束这个讨厌的对话，"我们喜欢白葡萄酒有桃子的味道，红酒有黑加仑气息，而且它们售价是3.99英镑"。一年后，在同一个场合，这个粗野的人慢吞吞地说，"来尝尝这个味道"。这是一杯白葡萄酒。我说，"哇，桃子的味道"。"这是你说过你喜欢的那种。""多少钱？""3.99英镑。你说过这是你想要的价格。""请问它的名字叫什么？""霞多丽。"他还做了同样的红酒，黑加仑，3.99英镑，称为赤霞珠。如此地简单明了，如此的美好味道。我顿悟了什么是变化。

这三款最重要的葡萄酒，深刻地改变了英国的饮酒文化，它们是：林德曼本65霞多丽（Lindeman's Bin 65 Chardonnay），奔富本28西拉子（Penfolds Bin 28 Shiraz），这两款都来自澳大利亚，还有新西兰的蒙大拿长相思白苏维农（Montana Sauvignon Blanc）。我猜想，这三种葡萄酒不仅永远改变了英国，还改变了北欧的饮酒方式。以葡萄品种做酒标，容易理解。充满风味和明显的澳洲或新西兰个性。这三款葡萄酒简化了我们所有人的生活。现在有赤霞珠、西拉子、霞多丽，或长相思苏维农，价格有超过一百磅的或者低于十磅的。如果一个新的国家，例如土耳其或者克罗地亚，若想要出口他们的葡萄酒，先要采用葡萄品种酒标，有时使用人们熟悉的国际品种，但越来越多地利用当地的、人们不熟悉的有趣品种。当我进入超市凝视酒架，看到酒瓶上都有葡萄品种标记，我终于明白我要买的是什么了。

波尔多1982年份酒

如果有一天，新时代的波尔多为我而生，这一天应是在 1983 年的春天里，当我第一次几乎是喝下满满一大口 1982 年的帕图斯（Petrus）的时候。

我仍然保存着一些泛黄的品酒记录，里面有半句话"令人惊讶的是………" 是好到令人惊讶的好吗？它没有说完。还有另外半句话是"这还没………"。我最后拼凑成"它像一种甜糖浆，一个实质………"实质是什么？告诉我们！实际上，我仍然可以清楚地记得那款酒的味道和质地，它是那么的好，以至于我简直不能找到合适的标签写在便签簿上。毫无疑问，这款味道极其醇厚又丰富的年份酒预示着一个新时代。高质量与充裕的数量结合是全新的概念，而过去的古典年份酒几乎都很小，现在我们的主要酒厂的产量比平时多 50～100%，而且味道很好，甘美芬芳、丰富感性，但是这回再一次打破了规律。一般来说年轻新鲜的波尔多红酒真的很难喝到，因为它们都正在陈化过程中。但现在 1982 年份酒是如此轻松易得，你可以直接从橡木桶里打出一壶来喝，我很高兴地说，它们口感很棒，这就是在我的楼梯下放了 32 年的品酒记录。

1982 年份酒为罗伯特·帕克（Robert Parker）赢得了史上最有影响力葡萄酒评论家的声誉。这样的做法，间接地改变了世界各地的葡萄酒评判方式，因为当时它们都在为价格和声望不惜一切代价地取悦那些终审评判人。1982 年份酒也间接地为一些国际葡萄酒顾问提供了成长的空间。这些国际顾问以米歇尔·罗兰（Michel Rolland）为代表，他们不仅在波尔多变得非常有影响力，在全球范围内也一样。这是多么完美的时机啊！ 80 年代持续的、几乎是匆忙杂乱的葡萄园技术改善和酿酒厂工艺也为他们提供了工具，不夸张地说，他们可以在世界任何他们能到达的地方创造出有需求的口味。

但 1982 年份酒也大大打乱了波尔多的势力平衡。在此之前，那些 1855 年进入列级分类表的酒庄生产的所谓的"左岸"（Left Bank）葡萄酒一直被认为是卓越的，它们主要是用深色赤霞珠葡萄酿造。但在 1982 年，位于右岸的柏美洛（Pomerol）庄园的一小部分区域，在梅洛葡萄汁的基础上，以其极为诱人的异国风味获得了大部分的最高级荣誉。对于新兴的美国市场堪称完美。但是存在一个供应量的问题。这里大部分的酒厂规模都很小，有些甚至是超小型酒厂。里鹏酒庄（Château Le Pin）只有几英亩土地。仅够酿造有限的极好的葡萄酒，几乎没有人能拿到。还有几家小型酒厂的土壤很好，但地块分散，在之后的十年左右开始以自己的品牌销售他们珍稀的瓶装葡萄酒。随着好评如潮，其价格也越来越高，最终成为受人崇拜的葡萄酒。"（小众）葡萄酒膜拜（Cult）"时代始于 1982 年。在这些零星小块土地的顶尖土壤里产出的葡萄酒被疯狂追捧，颇受敬重。

"车库酒（Garagiste）"运动对于那些不太好的小块土地造成了一个类似"礼拜"的巅峰心态。在世界各地，这种"膜拜"运动依然存在，西班牙的彭高思（Pingus）、罗纳山谷（Rhône Valley）的杜克（La Turque）、加利福尼亚州的哈兰（Halan）和鹰鸣酒（Screaming Eagle）都在这场运动中起到了带头作用。通常当一个亿万富翁决定购买或创建一个葡萄园和酒厂时，他以为只要钱花到了，再用广告推销，定价高昂，就会立即树立起"高大上"的形象。这些人应该去查查辞典。形象固然需要，但不是花钱就能买到的。即便如此，一般葡萄园的好作品也将继续生存和繁荣。完全基于炒作和操纵供给及需求的做法将是飞蛾扑火。

左：这瓶帕图斯不是我放在楼梯下的那批 1982 年年份酒的其中之一。现在我只能猜测它的味道是什么样。
所以我想我会让 1982 帕图斯在酒架上再坚持一年

中：1982 年的里鹏（Le Pin）酒庄酒在全部的 1982 年波尔多葡萄酒里面估计是最稀有、最"狂热"的

右：哈兰（Halan）是加州纳帕谷最成功的祭祀礼仪酒之一，是投资和炒作的结果，但也归功于激情和质量

这是原先的布兰卡特（Brancott）葡萄园，位于蒙大拿州开发区的核心。想象一下，在到达的第一天，你站在那里沉思着：OK，我要在这里种满植物

对页：一瓶陈年的 1981 年蒙大拿苏维农白葡萄酒。酒瓶也许不是革命性的，但瓶中那令人垂涎的双扣白葡萄酒却彻底改变了葡萄酒世界

1983年
蒙大拿马尔堡长相思苏维农白葡萄酒

1984年2月1日早上11点，我的葡萄酒世界版图改变了。在伦敦新西兰馆的17楼门口左边数第三个酒台，我第一次品尝到来自新西兰南部马尔伯勒岛（Marlborough）的长相思苏维农葡萄酒（Sauvignon Blanc），1983年的蒙大拿（Montana 1983）。

我的葡萄酒世界从此变了。没有谁的葡萄酒世界会是一成不变的。长相思葡萄酒有种富有个性的味道，与之前任何酒都不同。因为法国的长相思苏维农葡萄（Sauvignon Blanc）几个世纪以来，在波尔多和卢瓦河谷（Loire Valley）酿出了一些极具吸引力的、有清新鲜叶味道的葡萄酒。而且无法效仿。煮熟的醋栗的新鲜甜酸味、新鲜朴实的研磨胡椒味、新鲜黑醋栗叶子味、苹果味、用手指尖挤出的酸橙汁味，以及当季的芦笋味道，所有这些，甚至还有更多的味道，都汇聚在一口酒中。它来自一个全新的葡萄酒国家的一个全新的葡萄园，那里就是新西兰的南部岛。

其实，主要原因之一就是蒙大拿土地很便宜。在20世纪70年代初期，蒙大拿葡萄酒公司[现在的布兰卡特酒业（Brancott Estate）]正在谋求扩张。但奥克兰（Auckland）周围的土地太贵了，在北部岛霍克斯湾（Hawkes Bay）的土地也很昂贵。南部马尔堡（Marlborough）岛上的土地很便宜，居民们在那片贫瘠的石质沙土地里放羊、种大蒜。所以他们在1973年买了3954英亩土地，一刻也没有闲置，在1973年8月24日便种下了第一棵葡萄藤植株。这是一棵赤霞珠苏维农葡萄（Cabernet Sauvignon）。但由于根深蒂固的企业本性，蒙大拿公司的老板弗兰克·尤克（Frank

Yukich）放言道：我需要在马尔堡种满葡萄藤，任何品种的葡萄藤。在一大批葡萄藤中，长相思苏维农葡萄（Sauvignon Blanc）脱颖而出。这里有砂石土壤、秋季少雨、阳光充足但气候凉爽的自然条件，以及当地人完全没有狭隘偏见的良好开放心态。当地官员当时说在这里你可以试一试种苹果，对于葡萄就太冷了。正是所有这一切的有效整合，竟然令人欣喜地生产出了葡萄酒，这就是闻名世界的的马尔堡长相思苏维农白葡萄酒（Marlborough Sauvignon Blanc）。他们直到1979年才酿出了第一款样本酒。1983年又出产了年份酒。他们如同世界其他国家的葡萄酒产区一样建立了自己的酿酒业，例如波尔多的梅多克（Bordeaux's Médoc）或者德国的摩泽尔河谷（Mosel Valley），是在排空了水的沼泽地和去掉了表层板岩的山坡上，而他们却是偶然发现了这片位于南极前面最后的零星土地。

还有一件事值得一说。蒙大拿州还有一些更便宜的地方，但据他们说那里石头过多难以批量种植，即使放羊也会饿死。然而，一个名叫大卫·霍伦（David Hohnen）的澳大利亚人买下了它。1985年，他经过苦苦挣扎，终于种活了葡萄并酿出了云雾湾（Cloudy Bay）葡萄酒。1986年，云雾湾（Cloudy Bay）被评为世界最佳长相思苏维农白葡萄酒。

1985年
最昂贵的酒瓶

如果你曾经参加过拍卖竞标，就会知道你也能变得有些疯狂。随着价格上升到了你给自己设置的心理价位，你觉得你被卷入了一个巨大的旋涡。价格达到你的极限时，你说服自己再举一次竞价牌，因为其他竞买人都已确定退出了。

你汗流浃背，感到头晕和绝望，失去控制。但他们没有。而你还在举牌竞标，通常只与另一个对手竞争；直到你们中的一个人崩溃退出，拍卖结束。如果你够幸运，另一个人喊出一个极其愚蠢的价格，而不是你喊的。这可能仅仅需要几分钟。1985 年 12 月 5 日，在伦敦佳士得（Christie）拍卖大厅里，两个男人竞买一瓶葡萄酒的战斗只用了 1 分 39 秒。99 秒之后，另一个最昂贵的葡萄酒世界新纪录诞生。一瓶酒的售价首次达到 100000 英镑。

事实上，它的最后拍卖价是 105000 英镑（156000美元），而且幸运的是，那位可以负担得起且真买了它的人是克里斯朵夫·福布斯（Christopher Forbes），他是马尔科姆·福布斯（Malcolm Forbes）的儿子，美国最富有的人之一。他从纽约乘私人飞机来买这瓶酒，不是参加举牌竞标，是直接收购。非常富有的人们不希望竞价。他的飞机在希思罗（Heathrow）机场的停机坪上等候着他带着这瓶酒直接飞回纽约。这瓶酒不仅打破了世界纪录，而且蒸发掉了。之前的记录是由一瓶 1822 年的拉菲酒庄酒（Château Lafite 1822）保持的，它在 1980 年卖出了 31000 美元（约 21000 英镑）。这一次的新记录也是一款拉菲（Lafite），但它更特别。它是 1787 年份酒，佳士得拍卖的最古老的红酒，身份经过验证。酒瓶上刻着字母"Th.J."。这是《美国独立宣言》（America's Declaration of Independence）的作者，美国第三任总统托马斯·杰斐逊（Thomas Jefferson）的名字首字母缩写。福布斯不是为了酒而竞标，而是为了历史。

没有人怀疑发生过的历史。但是很多人对于历史上究竟具体发生了什么却有非常不同的观点。这瓶表面标有杰弗逊名字的 1787 年份酒也经过了争论。杰斐逊是一位一丝不苟的记录监护者，然而弗吉尼亚州蒙蒂塞洛市（Monticello）的研究杰斐逊的专家们却找不到他曾经购买该酒的记录。据称在巴黎某个偶然的情况下有过发现。一位德国葡萄酒收藏家，名字叫哈代·罗德斯多克（Hardy Rodenstock），他说是当工人们推倒一所老房子时，发现了一个隐秘的地下室，在一道假墙后面看到了这瓶古老的葡萄酒。那么这房子在什么地方？奇怪的是罗德斯多克似乎不愿透露详情，只是说地下室几乎是密封的，温度恒定，这是解释酒瓶似乎完好的原因。一些不太友好的专家认为，这可能是纳粹（Nazi）秘密囤积的一部分。纳粹窃取了大量的顶级葡萄酒。当盟军解放了阿尔卑斯山（Alps）希特勒的鹰巢（Eagle's Nest）藏身处之后，他们发现 50万瓶葡萄酒，包括陈年拉菲。

愤世嫉俗者们掌握了有力的证据，这瓶伟大的 1787 年杰斐逊拉菲酒被证明是假的。但那时我不确定这件事。福布斯家族在《福布斯》画廊（Forbes Galleries）举办过一次杰斐逊主题展览，并为这瓶酒设置了一个显赫的位置。酒瓶暴露在观众的热情和聚光灯下长达几个月。然后软木塞掉进了瓶内。

克里斯朵夫·福布斯（Christopher Forbes）在福布斯画廊（Forbes Galleries）。那瓶上好的波尔多红酒在这里是看不到的，如果它真的足够昂贵的话

对我来说，它看起来足够真实，但我怎么能确定？这瓶假酒随之暴露了许多所谓高贵和古老的酒瓶都是假的。而世界珍稀陈年酒展会（The World of Fine Old Wine）里依然被它们所充斥

这是在班诺克本（Bannockburn）收获后的榆树葡萄园（Elms Vineyard）。这是费尔顿·路德（Felton Road）最初的葡萄园，从 1992 年开始种植，是新西兰一些最好的葡萄原料来源地，包括黑皮诺（Pinot Noir）、霞多丽（Chardonnay）和雷司令（Riesling）葡萄

奥塔戈中部——最遥远的南方

关于奥塔戈中部（Central Otago），有很多我很喜欢的事情，它位于新西兰南部岛屿的南部。实际上那里没有葡萄园。125 英里内才有一个红绿灯。真是一个好起点。

这是在我们的现代世界里你所能找到的一个完全无污染的环境。而且这里并非荒无人烟。毕竟，这里有一些城镇，比如昆士城（Queenstown）就相当大，设置交通灯对于纳税人是一个不公平的负担，人们本着自由的精神创建了这片不可思议的美妙葡萄园区，它位于世界的最南端。在智利南部距离圣地亚哥（Santiago）620 英里的福特诺（Futrono）也有极少的几棵葡萄藤，我听说在巴塔哥尼亚（Patagonia）的阿根廷人想夺得这个记录。我有亲戚在阿根廷南部，他们是威尔士人，移民到那儿就是因为它像威尔士一样寒冷、多风、潮湿，有很多羊群。奥塔戈中部有着充足的阳光。事实上，这是一个沙漠，新西兰唯一的沙漠。即便如此，这也不是一个可以立即形成一片葡萄园的地点，它是文明世界里最孤单的国家的最孤寂的土地。

关于新西兰南岛，你应该记住这些事情：当你要开始开垦葡萄园时，人们总是说不可能，气候太冷，风太大，只能种苹果或放羊。他们这样说过马尔堡（Marlborough）、纳尔逊（Nelson）、坎特伯雷（Canterbury）和怀帕拉（Waipara），现在他们肯定也这样说奥塔戈中部（Central Otago），而且更极端。但是，这里曾经有人种过一次葡萄。那是在 1864 年，一个名叫费罗（Feraud）的法国人在奥塔戈中部的南方的克莱德（Clyde）附近种下了葡萄，我承认在那个时候是不必要的，虽然这是一个适合种葡萄的地方，但是因为那时发现了黄金，有更大的钱可以去赚，通过为矿工们解渴来赚钱比沿着河床淘金更靠谱。一百年后，拓荒者归来。他们在昆士城（Queenstown）附近的亚历山德拉（Alexandra）种下了

很多种作物，并且继续向北拓展直到瓦纳卡湖（Lake Wanaka）。人们很快就发现在奥塔戈中部几乎可以做其他新世界地区所能做的任何事情，包括种植黑皮诺葡萄，并用这些葡萄酿出各种与勃艮第同样好的、但却全然不同的葡萄酒。

奥塔戈中部很像勃艮第吗？它们都是属于大陆，不是海洋；然而勃艮第看上去像似在法国乡村田园怀抱里的一处安乐窝，而中部奥塔戈的美却是一种伤痕累累的憔悴，令人生畏。那些废弃的金矿遗迹使得地表景象满目疮痍，葡萄园通常是在绵延起伏的碎石和山崖之间唯一的绿色，只有覆盖着丘陵的大片如茵的紫色百里香才给人一些抚慰。我们聚集在位于南纬 45°、海拔 650~1480 英尺、山脉顶部覆盖着冰雪的山谷中。新西兰的最高温度和最低温度的记录都产生在南部的亚历山德拉（Alexandra），两者之间的温差极大，在每天的 24 小时内可从 33℃ 下降到 3℃。这对于葡萄的酸度和颜色非常有益。最重要的是进入秋季后，通常温度峰值约为 31~32℃，空气十分干燥，阳光极其充足。当季节变换遇到坏天气时，霜降之猛犹如落锤，若发生在葡萄成熟季的开始和末尾，则可以让你失去作物。自从阿兰·布雷迪（Alan Brady）1987 年在吉布斯顿山谷（Gibbston Valley）发布了第一款黑皮诺商品葡萄酒后，葡萄酒爱好者们蜂拥到奥塔戈中部这个世界最南端的葡萄园区，向创造出如此美妙的葡萄酒的冒险者们表达敬意。

吉布斯顿谷 1987 年份酒（Gibbston Valley 1987）是奥塔戈中部用黑皮诺葡萄酿造的第一款商品酒。这里的酒厂仍然在生产上好的黑皮诺红酒

1987年
飞行酿酒师

"飞行酿酒师"这个词语是由托尼·拉斯维特（Tony Laithwaite）首创的，这位天才服务于英国最大的葡萄酒直销组织，其名称确实直接和恰当，就叫"直销葡萄酒（Direct Wines）"。

他在波尔多做了一段考古系学生，然后开始做一项葡萄酒业务，就是开一辆厢式货车搬运波尔多葡萄酒，地点就在女王的温莎（Windsor）城堡下面的小铁路拱门里面。他看到了法国的巨大潜力，要是有人能教他们如何酿葡萄酒多好。特别是法国到处都有很好的葡萄园，但产出的葡萄却被当地合作社漫不经心地运走，他们丝毫没有想如何把它变成好酒。拉斯维特认为澳大利亚人正在为自己打造一个品牌，他们非常重视细节，酒厂采用现代机械并在几乎无菌的条件下生产。而且他们愿意将上帝给予的时间都用于工作，包括理所当然的早饭时间和较长的午饭时间。而那些会导致产出劣质葡萄酒的毛病，例如长长的周末、没完没了的吸烟，他们都没有，从而能够酿出清澈透亮的新鲜葡萄酒。还有一条，澳大利亚位于南半球，这使得他们在欧洲的冬季和春季里也能进行葡萄酒的陈化。当法国的陈化葡萄酒在九月才能上市的时候，澳洲酿酒师们已经利用这段时间完成了他们的工作。所以在1987年他带领一群年轻的澳大利亚人，由奈杰尔·史尼德（Nigel Sneyd）牵头组成了合作社，法国人把他们称为"飞行酿酒师"。

实际上他们不是第一个合作社。现在被视为澳大利亚巨头的两位老前辈，沙朗酒庄（Shaw & Smith）的马丁·肖（Martin Shaw）和澳大利亚葡萄酒的无冕之王布赖恩·科罗瑟（Brian Croser），他们一直在波尔多教当地人关于清洁、人工培养酵母、调整酶与酸，以及新橡木的使用，这一切都是"新浪潮"（New Wave）酿酒师们的必备工具。但拉斯维特的举动引起了轩然大波，大多是来自法国南部那些经营表现不佳的葡萄园和酿酒厂。郎格多克（Languedoc）的很多地区在19世纪曾经非常有名气，但由于葡萄根瘤蚜虫的蹂躏，这些声誉已经消失得无影无踪。飞行酿酒师看到了澳大利亚这片广袤的热土上的变化，他们扯掉已变成垃圾的葡萄藤，再重新种下赤霞珠、梅洛、西拉子和霞多丽葡萄，并且开始以很低的价格倾销很好的格罗格酒（grog）。

在20世纪90年代，带有澳洲口音的法国人奔走于法国南部劝说当地人加倍努力学习和试验。不仅仅是在那里，还有一些非澳大利亚人，诸如英国的休·莱曼（Hugh Ryman）和安琪拉·穆尔（Angela Muir），或者法国的雅克·卢顿（Jacques Lurton），也接受了这些"新世界"的理念，例如辛勤工作、保持清洁、注重细节，以及对于创造葡萄酒新风味高涨的热情，使得这种理念迅速传遍欧洲。欧洲东部由此获益颇丰，意大利、西班牙和葡萄牙也同样受益。随着时间的推移，像卢顿一样的飞行酿酒师们出现在智利和阿根廷，毕竟他们的年份陈化酒只有抢在北方的应季时间之前才能扩大市场。讲得好！人们批评这些飞行酿酒师将葡萄酒搞得均质化。我不同意。他们为困窘在过去的地方带来了未来，他们为封闭的地方开启国际葡萄酒贸易，他们提供了物美价廉、开朗活泼的葡萄酒，使得诸如英国超市这样的地方推动了饮酒习惯的革命。

托尼·拉斯维特（右一）和一群小伙子正在给商品酒采样，也许是直接从他们坐着的那些大泰尔特尔酒庄（Château Grand Tertre）的橡木酒桶里取样。这是一个灌瓶聚会吗？拉斯维特就是从温莎（Windsor）市的这个铁路拱门开始了他的帝国

布莱恩·科罗瑟（Brian Croser）从飞行酿酒师队伍里消失了一段时间后，在南澳大利亚的阿德莱德山（Adelaide Hills）建立了他的蒂雷斯（Tiers）葡萄园

对页：雅克·卢顿（Jacques Lurton）（左侧）和他的弟弟弗朗索瓦（François）在1988年建立了当时最成功的行当之一"飞行酿酒师"，主要在法国和南美洲工作

米歇尔·罗兰（Michel Rolland）是国际葡萄酒业内足迹最广、最成功的著名顾问，他在水果的成熟与圆润的口感方面具有深刻的哲学思想

史蒂芬·德龙考特（Stéphane Derenoncourt）的大部分咨询工作是在波尔多离家更近的地方做的。无论他出现在哪里，都会有一个令人敬佩的记录产生

20世纪80—90年代
国际顾问

在 21 世纪里抱怨全球化似乎显得格局有点儿小了。在过去的十年左右，我们生活的世界被全球化越来越紧密地编织在了一起，它令我们陶醉。但当我们谈到吃喝时，却应该保持各自的特色。

我们希望我们的葡萄酒味道能品得出它们的产地、土壤和特殊的气候，以及它们的传统。但是，如果这些传统从未产生出任何有趣的酒怎么办？如果这些独特的土壤和气候被浪费了怎么办？如果一个酒厂从零开始，或是被更有能力、更精于世故的新一代接管，又应该怎么办？你必须请某个人来为你提供咨询。这个人有可能会是相对于那些大型国际葡萄酒顾问机构要小一些的组织中的一位，属于和蔼可亲但不屈不挠的米歇尔·罗兰（Michel Rolland）团队。

顾问有点儿不同于"飞行酿酒师"，酿酒师通常要动手酿酒且要服从管理。一个顾问可能会有一百个客户，有的酒厂喜欢罗兰，有的葡萄园则喜欢理查德·斯马特博士（Dr. Richard Smart）。无论是谁，他们的服务确实卓有成效。即使是对于那些陷入窘境的、由本地居民打理的葡萄园，这些游历世界见多识广的专家们也会凭借其独特力量帮助实现成功转变。斯马特相信自己的葡萄园改造方法可以改变葡萄酒口味及其生产成本，尤其是在涉及棚架、修剪、灌溉、以及克隆和根茎的选择等方面。像罗兰这样的人则通常基于他们自己的实验形成他们的解决方案，因此，他们为世界各地提供的建议就带有这种核心经验和个人信念的色彩。

但这并不是说，顾问们指点的各种葡萄酒味道会一样，无论它们是在哪里生产的。男人们喜欢罗兰和他的同伴——波尔多人史蒂芬·德龙考特（Stéphane Derenoncourt）的做法，他们是以努力了解服务目标来开始他们的咨询工作。当罗兰说出"我是属于这块土地的人"时，就是他准确定位了他的工作。我曾经花了几天时间和他泡在葡萄园里，从没看到他比工作时更快乐。现在他在机场候机厅里有很多时间是在怀念圣爱美浓（Saint-Émilion）附近弗龙萨克（Fronsac）那些泥泞的土地。

关于葡萄酒顾问或酿酒学顾问，迂腐的说法之一就是他们去帮助的都是不值一提的葡萄酒，他们对于那些顶级酒庄没有什么可以做的了。他们通常被请来帮助改善一个酒厂的市场表现，特别是想要从酒评界，诸如美国人罗伯特·帕克（Robert Parker）那里获得 91 分或者 95 分以上的酒厂。所以他们可能对已经存在的现状做点儿微调，或者，特别是当遇到有富豪收购酒厂并期待立即获得成功的情况，他们可能会直接创造一款全新的葡萄酒。毫无疑问有一种方式，他们可以应用几乎任何情况下。但在大多数情况下，一个好的顾问会从葡萄园的基础入手。他们知道，如果他们得不到正确的葡萄资料，就无法在为购置什么酒桶、采用什么酵母、浸泡多长时间、如何过滤、是否要稍微氧化或者在橡木桶里让乳酸发酵等事项提出建议。如果葡萄原料处理不正确，一切将会无用。在关键时刻，要对不同的地块种出的葡萄做单独的样本提取，还要分别单独进行发酵，然后把这些样品按要求做最后的混合勾兑。除非他们对葡萄园有了正确的了解，否则一切工作都是无效的。

20世纪90年代
赤霞珠征服世界

今年我带回家的任务是研究每一种葡萄在世界各地的种植统计信息。经过一段很长的间隔时期，赤霞珠成为现在世界上最广泛种植的葡萄。

赤霞珠红酒市场持续扩大，几乎随处可见，你看看中国就知道了。虽然没有人能够确定中国葡萄增长的准确数据。你询问 10 个不同的地方政府，会得到 10 个不同的答案。但有一件事是清楚的，那就是中国酷爱赤霞珠红酒。中国增加的赤霞珠可能会与整个法国的产量相同，或者是其两倍。还有一些数字显示在中国用于种植赤霞珠的土地是法国的三倍。

中国在做的事情正和世界上其他新晋或重新崛起的葡萄酒文化的国家在做的事情一样。每当一个葡萄酒文化想要开始向外看，而不是向内，想要将其葡萄酒厂和葡萄酒味道走向现代化，最重要的是想要获得一些尊重和出口市场时，他们便开始大量种植赤霞珠。其他波尔多葡萄品种可能趋向混杂，绝大多数是梅洛葡萄，也有马尔贝克（Malbec）、味而多（Petit Verdot）、品丽珠（Cabernet Franc）和佳美娜葡萄（Carmenère），在几个地方这些葡萄可能超过赤霞珠葡萄，但是通常还是赤霞珠为王。这是有多个原因的。赤霞珠的核心是最著名、最长寿、最复杂以及最令人满意的波尔多红酒：当酿酒师想要寻找一个优秀典范时，波尔多红酒是首选。赤霞珠差不多在任何地方都可以生长，它本身也保持着可靠的味道。它的生长并不困难，只需给它足够的阳光即可，而且它的酿造也不困难。当整个世界正在寻找新增长点时，它可以让你挥舞着旗帜高声呼喊"快看我"。

所以赤霞珠真正重要的作用在于改善葡萄酒世界。它一直是如此成功，以至于现在批评者与支持者同样多。但酒评家们应该在放言诋毁它的乡土风味之前，先看看赤霞珠取得的好成绩。首先，在赤霞珠到达之前，在那里通常没有任何本地风味，当地消费者最想喝的就是本地酒。赤霞珠的到来为葡萄园和酿酒厂变革添加了燃料，使得所

有本地各个行业蓬勃发展。有时赤霞珠要隐藏起它永久性的根基——加州的纳帕谷、澳洲的玛格丽特河（Margaret River）和库纳瓦拉（Coonawarra）、新西兰的霍克斯湾（Hawkes Bay）、南非的斯泰伦博斯（Stellenbosch）、智利的麦波（Maipo）。但是，赤霞珠经常是当地人对本土葡萄信心回归的一个阶段。托斯卡纳区（Tuscany）是被赤霞珠拖入到现代化新纪元的，但现在几乎决心要一门心思地专注于其本地品种，例如桑娇维塞（Sangiovese）葡萄。西班牙利用赤霞珠创造出里奥哈（Rioja）葡萄酒、为西西里维嘉（Vega Sicilia）打下基础，并作为桃乐丝黑方酒（Miguel Torres' Black Label）的 100% 原料，从而在《高尔特—米洛》（Gault-Millau）杂志组织的法国品酒会上赢得荣誉，尽管当时波尔多红酒大本营——拉图酒庄的经理放言："它可以用于普通的晚会，但可未必适合于高雅的午餐。"。不过黑方酒（Black Label）刚刚在品酒会上击败了拉图酒庄。现在西班牙正在全力挖掘本地葡萄的潜力，也是由于赤霞珠提供了刺激。就像它在法国南部所为，就像它努力摆脱酿造劣质酒的恶名，就像它在保加利亚、克罗地亚、希腊和黎巴嫩（Lebanon）。在所有这些地方它仍然存在，但随着更多的当地品种登场，它的位置也在逐渐退后。我所能说的就是：赤霞珠，干得好！赤霞珠，谢谢你！

斯泰伦博斯（Stellenbosch）在赤霞珠的应用方面取得了巨大的成功，无论是自酿还是混合，特别是因为南非（South Africa）感到自己的命运寓于酿造朴实、深沉和持久的红酒

桃乐丝特级王冠（Torres Gran Coronas）"黑方"（Black Label）赤霞珠1970，在著名的1979年巴黎高尔特—米洛葡萄酒奥运会（Gault-Millau Wine Olympiad）上击败了拉图酒庄1970

在一款酒标上完全使用你自己的语言，把赤霞珠字样用金色大写字母醒目标出，这样至少会在出口市场上夺得一个机会。这款脂胭的小号酒瓶来自斯洛文尼亚（Slovenia）

树叶开始落在马德镇外葡萄园的山坡上。这些葡萄园曾被多次给予质量分类

由左往右分别是匈牙利酿酒师伊斯特文·司丕塞（István Szepsy）、休·约翰逊（Hugh Johnson）和彼得·温丁一迪耶（Peter Vinding-Diers）在1990年的合影。这张低像素胶卷照片是当年在马德（Mád）建立皇家托卡伊公司时两位创始人唯一的一张合影照片

著名的马兹马利（Mézes Mály）葡萄终于以自己葡萄园的名字装入酒瓶中。这是一个令人神情荡漾的成果

1990年
皇家托卡伊葡萄酒

前苏联（Soviet Union）的崩溃和原有的共产主义规则留下了很多有影响力的象征。而我年青时就参加了团结工会（Solidarnosc），坦白地说它就是波兰抵抗组织，我也曾是伦敦演员工会（London Actors）的代表——莱赫·瓦文萨（Lech Walesa）和格旦斯克造船厂（Gdansk shipyards）都是最深刻的记忆。

对某些人来说，罗马尼亚前总统齐奥塞斯库（Ceausescu）的死刑或者柏林墙（Berlin Wall）的倒塌可能是骇人听闻的。但在葡萄酒世界里，最强大的象征则是一款欧洲最伟大葡萄酒的复生，它经历了一代又一代的政治压迫，它就是匈牙利托卡伊（Tokaji）葡萄酒，在过去的几个世纪里它是供王子、教皇和权贵们享用的葡萄酒。

托卡伊甜酒有着300或400年的传奇，那时没有人听说过那些雄伟的波尔多酒庄或者香槟地区的葡萄酒，几乎就没有听说有什么葡萄酒。有一种无比甜美的黏性糖浆叫做"芳芬"（Essenzia），做这种饮料时，要把很多有贵腐菌的葡萄堆在一个底部和边帮上都有孔的浴缸里，但不用压榨。几天或几周后，这种浓稠的糖浆会自动流出来。这种黏糖浆的糖含量极高，几乎都无法发酵，每升至少有500克糖，斯斯诺克（Disznok）酒厂在2000年曾经创造过每升914克糖的记录，它可能是史上最甜的葡萄酒。正是这种不可思议的甜糖浆，那时可能还没有发酵的概念，沙皇和国王们每当感到自己生命力不足或临死时，都要喝上一口，否则就会感觉到死神的手抓住他们的衣领。当"芳芬（Essenzia）"还是在慢慢地自然流淌时，通过压榨和发酵产生的不可思议的甜酒"皇家托卡伊（Imperial Tokaji）"大量出现了，这时，你就可以在餐桌上随时喝到它，而不必等到临终之时。

我不是拿它的声誉开玩笑。伦敦酒商贝瑞罗德兄弟公司（Berry Brothers & Rudd）一个多世纪以来定期供应托卡伊甜酒，他们还存有各种奖状和顾客留言。其中有一条留言是："立即送一箱葡萄酒过来，把棺材盖的螺丝去掉"。我不知道这究竟是绅士自己或是他悲伤的妻子发来的订单。还有一条写道："你的托卡（Tokay）葡萄酒使

我在晚上过得很好。我喝了满满的一杯酒，然后按摩师来了，她用特殊的搽剂按摩我的背，后来我像一只满足的猫咪一样蜷缩着身子进入了梦乡。谨此。大主教坎特伯雷。"不！这只是开玩笑。但这种酒是永恒的。1939年，华沙（Warsaw）酒商福客尔（Fukier）集齐了自1606年以来的各个年份的托卡伊甜酒（其中1606年份酒326瓶），1668和1682年份酒有数千瓶。直到纳粹入侵占领了匈牙利，在一场令人心碎的醉酒狂乱中，这家商店自17世纪以来珍藏的这种酒全被挥霍一空。

1989年，一条新闻吸引了英国葡萄酒作家休·约翰逊（Hugh Johnson）和他的丹麦合伙人彼得·温丁—迪耶（Peter Vinding-Diers），当时匈牙利成为东欧集团（Eastern Bloc）里第一个开放边界的国家。梦想家的快乐和激情超过了商人的冷静，约翰逊和温丁—迪耶在1990年9月合资成立了皇家托卡伊葡萄酒公司（Royal Tokaji Wine Company）。他们的预测是正确的。不久之后，匈牙利政府宣布启动私有化计划。皇家托卡伊名列榜首，安盛保险（AXA Insurance）公司购买了第斯诺克（Disznók）酒厂，大笔资金很快到位。传说西班牙维嘉西西里亚（Vega Sicilia）酒厂买下了奥廉穆斯（Oremus）大葡萄园。有日本三得利公司（Suntory）部分股权的法国林荫葡萄酒（Grands Millésimes de France）买下了的哈兹（Hétszl）湖畔的全部山坡。

但约翰逊和他的合作伙伴可能是笑到最后的人。马兹马利（Mézes Mály）葡萄园在历史上就是托卡伊（Tokaji）最大的葡萄园。1571年就在马兹马利这个地方，分售过程渐趋枯萎，作为普通农作物的腐烂葡萄首次做了登记。约翰逊的皇家托卡伊现在酿造马兹马利葡萄酒正逢其时。

车库葡萄酒的崛起

我仍然记得我在 20 世纪 80 年代第一次去"车库（garagiste）"酒厂的情景，然而直到 90 年代"车库酒"才真正开始上市。

蒂安邦先生（Monsieur Thienpont）向我介绍他在里鹏（Le Pin）的车库里存放的那些橡木酒桶时，那里面还有几只鸡和两台脏兮兮的赌博机，不知现在是否清理出来了。但是当我尝过这些颜色深沉但口感新鲜的里鹏葡萄酒后，我立刻知道这是种罕见且特别的酒。我不知道的是，里鹏酒庄即将开创波尔多葡萄酒的一个新趋势。

蒂安邦（Thienpont）家族买下这片 5 英亩的小块土地 [现在被称为里鹏酒庄（Château Le Pin）] 的原因，是因为这里的土壤很特别。他们在威登园（Vieux Château Certan）旁边还有一块土地。他们了解当地的每一寸土地，这些土地都是五星级的好东西。里鹏酒庄本可以并入威登庄园，但是雅克·蒂安邦（Jacques Thienpont）看到了它可以为这个从 20 年代就开始酿酒的家族提供一个超越威登庄园的机会。他说他要酿造一款"非常丰富和庄重的"葡萄酒，"数量小但能赚大钱"，里鹏酒庄的成功始于"车库"运动，这个运动的目的就是酿造数量小、庄重且售价高的葡萄酒。问题在于里鹏酒庄是一个难得珍贵然而却未开发的葡萄园。

"坏男孩"绝对是要尝试撼动波尔多的舒适世界。让—吕克·图内文（Jean-Luc Thunevin）的酒非常幽默，丝毫不顾及波尔多的庄重

另一些"车库酒庄"则不具备像它这样的优势。

最著名的"车库"就是让—吕克·图内文（Jean-Luc Thunevin）的瓦兰佐酒庄（Château Valandraud）。起初他的葡萄园开始在圣爱美浓（Saint-Émilion）只有 1.5 英亩很可怜的土地，旁边是一片菜园。他只能在自己的车库里酿酒，并在那里出品了第一款 1991 年份酒。图内文的酒庄不仅获得了金钱和名誉，而且以其火热的激情冲击了波尔多的势力。即使你没有足够的资金买到好的土地或设备，你仍然可以有激情。收集一些葡萄藤，减少一半的产量，有可能的话对每一棵都给予精心的照料，同样也最好能耐心地一粒一粒地采摘它的成熟果实，甚至要等它们完全熟透后再送到你的小酒厂。购置你能买得起的最好的橡木桶，在橡木桶里进行二次乳酸发酵要比金属罐要好，才能获得更丰富、更美味的口感，切莫急于求成。把那些你认为不可靠的东西坚决地剔除，不要过滤，然后你的精制高价葡萄酒就能在市场上获得消费者的认可。就是这么简单。

现在有许多车库酒庄，甚至获得了充足的资金支持，他们热衷于开发自己的产业而不是促进那些原始的开拓者，这场运动已经结束，一切都进入了常规发展。瓦兰佐酒庄现在拥有了相当好的土地，几乎已是市场的主流。图内文和他的弟兄们证明了旧秩序能够被打破，后起之秀也能够取而代之。他说，小人物的革命已经到来，因为"光脚的不怕穿鞋的"。

"车库酒庄"的主人让－吕克·图内文（Jean-Luc Thunevin）和他的瓦兰佐（Valandraud）1998 年份酒。那时他不需要一个大酒窖，但他现在必须要有了。现在的瓦兰佐葡萄酒是在圣爱美浓（Saint-Émilion）高原东部一个正规酒庄里酿造的

总的来说，在地势低洼的河岸上与菜园毗邻的葡萄园不会产出特别好的葡萄酒。但这一小块地是让－吕克·图内文能够买得起的，并为他的第一款"车库酒"——瓦兰佐（Valandraud）提供了葡萄原料

在加拿大冬天黯淡的天空下采摘这些葡萄不是个很有趣的工作，你必须等到在 -8℃ 以下，这些葡萄中的水分才能完全冻结，从而产生非常醇厚的糖分

对页：这瓶 50 毫升的云岭冰葡萄酒（Inniskillin Icewine）的外形很像是飞机小餐车上的饮料。即便如此，它确实能让你一饱口福

1991年
加拿大冰酒

这是我收到过的最小的礼品葡萄酒。我的一个朋友从加拿大回来后，很自豪地送给我一瓶 50 毫升的加拿大冰酒。我感觉像是他在回程飞机上从空姐的手推车上顺来的一小瓶伏特加，真的只有 50 毫升。

最小的礼品葡萄酒？我可不是一个穿耳环佩袖扣的男人。我认为它可能是有史以来我收到的最小的一份礼物。后来我妹妹来了，她是加拿大人。（不，请别问，故事太复杂。）她带给我一瓶 200 毫升的加拿大冰酒。我给了她一个夸张表情。"这是非常昂贵的，"她说，"而且很罕见"。我知道这种酒，但我从来没有真正亲眼见到过。375 毫升的酒瓶才是让我可以认真对待的。我也许会为那小半瓶酒奢侈地支付 5000 美元。这是我迄今为止所见过的最昂贵的加拿大冰酒。等一下，它竟然来自加拿大？加拿大葡萄酒何时变得如此特别？

故事可能发生在 1991 年。葡萄酒及烈酒展销会（Vinexpo）是世界上最重要的葡萄酒展会，在波尔多每两年举行一次。世界上最好的葡萄酒都汇集在这里，但展会向来坚信法国酒依然是最好的，其次是欧洲酒，再然后就没有了，也没有"其他的高峰"。所以加拿大不会凸显出来。然而在参展的 4100 款葡萄酒中，有 19 款酒

赢得大奖（Grand Prix d'Honneur），加拿大 1989 年的云岭冰酒（Inniskillin Icewine）是其中之一，它是用维达尔葡萄（Vidal）酿制的，这种葡萄甚至不允许在法国种植。法国可能恨上了它，因为名不见经传的加拿大的葡萄酒一夜之间就闻名世界。作为一个来自葡萄酒新世界的后来者，加拿大从此有了身份。

加拿大过去一直种的是不错的寒带红、白葡萄品种，一些优良的霞多丽、梅洛以及赤霞珠。但它们不能与新世界的其他国家的葡萄相比，例如加州赤霞珠（Californian Cabernet）、澳大利亚

霞多丽（Australian Chardonnay），你会选择哪一款？一个新的国家需要有一个独一无二的名片。而加拿大和冰酒是为彼此而生的。

冰酒究竟是什么？（必须记住一个概念：它在加拿大是冰酒"Icewine"，在其他地方则是冰葡萄酒"Ice wine"）。从根本上说，这种葡萄酒就是用冰冻的葡萄酿出的酒。德国和奥地利偶尔也酿制一点儿冰葡萄酒，他们称其为"德国冰酒"（Eiswein），但它的味道奇酸、奇甜。酿这种酒时，你需要让健康的葡萄在成熟后继续留在葡萄藤上直到 11 月或 12 月，如有必要则留到次年 1 月、2 月甚至 3 月。我曾经发现一种葡萄竟然等到了 4 月份才摘下，他们在等整个葡萄藤架全部冻住，而不是冻上了一部分，-8℃是起点温度。温度每降低一度你的葡萄酒质量则提高一分。怎么会这样？因为葡萄汁是由糖和水构成的，水稀释糖。葡萄冻结温度大约是 0℃，但此时糖份却不会冻结。于是它变得浓缩。温度低于 -8℃ 时，两者则基本相互分离，分别变成浓糖浆和碎冰碴。因此，通常在晚上，一群勇猛的采摘人出来集体收获冰冻的葡萄。他们需要在至少 -8℃ 的气温里工作，否则手触和堆放会使冰碴融化而糖浆溢出。这将需要不间断地工作一天，也许更多天。一般要使户外的一切工作尽可能地保持低温冷冻。最后，这些粘稠的糖浆被投入发酵。如果你添加特殊的酵母，发酵则可能按你的需求进行。如果你让它自然发酵，则要等到六个月后才开始。我听说有一款冰葡萄酒在采摘十年后一直在发酵。

结果呢？一种口感非常丰富的葡萄酒诞生了。用维达尔葡萄（Vidal）比用雷司令（Riesling）葡萄效果更好，然而酒的酸度较强，不能多喝，所以也许 200 毫升的酒瓶是个挺好的考量。

1993年
合成软木塞

如果天然软木塞是一种完全可靠的物质，如果每个酒瓶都能使用一个天然软木塞，该是多么美丽的事情。用树脂材料人工合成的软木塞可能没有多少市场。然而生活从来就不是那么简单。

在 20 世纪 90 年代里，我们越来越多地感觉到很多葡萄酒有发霉的味道，很不干净。最糟糕的是那道像是一件汗渍的足球衫在皮包里放了一个夏天。我知道那种味道。我不想让它出现在我的葡萄酒里。

这种气味是由于天然软木塞内所含的一种化学物质叫作三氯苯甲醚（Trichloroanisole 246，缩写为 TCA）造成的。我们将这样的酒描述为"软木塞味"，或遭到软木塞污染影响。其实它极为罕见，但是麻烦在于，它在整个 90 年代里时常发生，几家公司看到了需要用新型瓶塞来降低这个市场的风险。所以它们变成了塑料瓶塞。

我猜这就是所谓的"简单裸体"。这款新型塑料瓶塞是一个不错的解决方案，它的印刷工艺比真正的软木塞简单，你还可以方便地把它按回到瓶口

坦率地说，第一款塑料软木塞的质量很差。它们通常是被涂上模拟软木的颜色，但这糊弄不了人们，因为它们有亮光，手感滑爽，像子弹一样硬。你需要用一个手提钻才能把它从瓶口取出，也得用一个打桩机把它嵌入瓶口。它们会像是一种食肉的热带植物般把螺丝刀蚕食掉。我真的多次在试图打开一些倒霉酒瓶时把螺丝刀拉断了。

大部分的早期酒瓶是倒霉的。这些无趣的瓶塞当时只用于廉价酒，所以 TCA 继续存在。直到 1993 年，一家名叫苏泊美克（Supremecorq）的美国公司研发出了一种比较适用的塑性密封材料，从此你可以摆脱对酒瓶的紧张情绪。而且它们有各种各样的设计和色彩。塑料瓶塞忽然间成了一种乐趣。很多顶级酒厂试用了它们，在数字时代的热潮当中，它们变得相当酷。现在制造最好的塑料瓶塞的公司名为诺玛科（Nomacorc），它已经发明出了一种新技术，即用一种海绵芯，外面缠绕上一层塑料膜，做出来的产品与真的软木塞几乎一样。

但是它们确实好吗？它们没有 TCA 污染，这是肯定的，然而长时间贮存感觉塑料会使酒味变得平淡。最新型的瓶塞可以很好地使酒隔绝空气，而最差的似乎在十八个月后就失去了任何密封性。它们肯定比一个好的天然软木塞便宜，不会威胁到葡萄牙的软木森林的存在，无论怎样它们还是比较好用的。但是它们不能进行生物降解，虽然它们都是可回收的。所以它们的命运取决于你。据说最大的 40 家葡萄酒公司中已有 30 家使用了它们。以大约每年生产 200 亿瓶葡萄酒来计算，有 20 万瓶酒使用了塑料软木塞。那么螺旋瓶盖呢？那是另一个故事了。

这是目前最受欢迎的合成瓶塞，拔出和插入都很方便

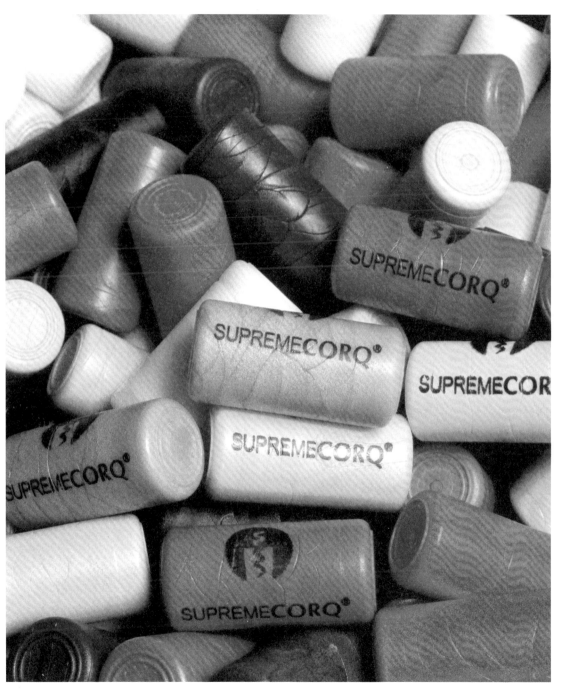

这是世纪之交的社交聚会。有创新意识的酒厂经常用各种材料和方式把瓶塞打印得五彩斑斓。酿酒师也可以把他的电话号码打印在上面，如果他乐意的话

卡特纳·萨帕塔（Catena Zapata）的阿德莉娅娜（Adrianna）葡萄园位于海拔 4757 英尺的高山上。这里高于安第斯山麓的武考山谷（Uco Valley），气候越冷，葡萄酒成色就越加上乘，红、白葡萄酒都是如此。现在这些高山葡萄园生产的葡萄都用于酿造阿根廷最好的葡萄酒

尼古拉·卡特纳（Nicolás Catena）以其为阿根廷葡萄酒所做的开拓性工作，被《品醇客》（Decanter）杂志评为 2009 年年度先生

卡氏家族马尔贝克

如果一个国家拥有一种标志性的葡萄品种能够引领葡萄酒产业，这个国家就可以幸运地摆脱掉其毫无特色的过去。

新西兰什么都没有，但却有惊人的幸运，长相思白苏维农（Sauvignon Blanc）在它的家门口台阶上闪着耀眼的光芒。澳大利亚有西拉子（Shiraz），但长期以来人们忽视了它，当它显示出自己是举世无双的佼佼者时，震惊了澳洲人。阿根廷则有马尔贝克（Malbec），这种葡萄在19世纪50年代来到了这里，据说是来自法国西南部，但也有可能是悄悄地从智利的安第斯（Andes）山脉过来的，一个多世纪以来它被认为是阿根廷最好的葡萄，但你是怎么知道的呢？阿根廷人对于葡萄酒总是不加鉴别地狂饮，几乎没有一瓶酒逃到外面的世界。即使有的话也没啥大不了的，总之是阿根廷人把自己酿的酒全部干掉了，因为牛肋骨肉适合搭配当地具有原始魅力的粗糙红酒。进入20世纪80年代后，世界其他地区开始认识到现代葡萄种植和酿酒技术所蕴藏的惊人的发展潜力，但阿根廷对此的偶然发现不是得益于军事独裁和恶性通货膨胀。

但有一个人认为，阿根廷不仅可以做到，而且能做的更好。如果不去做，就是注定的失败。尼古拉·卡特纳（Nicolás Catena）是一位有经济学博士学位的第三代酒人，他的家族酿酒厂销售散装葡萄酒的生意做得很好。但这个市场随着阿根廷人开始冷落葡萄酒而逐渐萎缩，令人

尼古拉·卡特纳和他的女儿劳拉（Laura）站在卡特纳萨帕塔酒厂前面，酒厂外形是玛雅（Mayan）建筑风格

惊讶的是这种冷落是因为大多数阿根廷葡萄酒，无论红葡萄酒还是白葡萄酒，喝起来都很像雪莉酒（sherry）或马德拉酒（Madeira）。卡特纳在1982年利用赴加州大学讲学的机会，去纳帕谷（Napa Valley）拜访了罗伯特·蒙达维（Robert Mondavi），当面聆听了他在1966年白手起家，不管加州条件如何，最终成功效仿了波尔多红葡萄酒和勃艮第白葡萄酒的故事。卡特纳决定回到阿根廷做同样的事情。他的父亲告诉他，"这不会成功的，因为你不具备水土条件，你没有葡萄园。脚小就不要穿太大的靴子。还是做那些你有优势的工作吧。"

他父亲说的是对的。卡特纳没有赤霞珠（Cabernet），但他却有马尔贝克（Malbec）。他仍然沿用蒙达维的方式，使用成熟的葡萄和大量的新橡木桶，一些早期的葡萄酒味道有些像纳帕赤霞珠红酒，但又不完全是。橡木桶无法征服诸如紫李子和甜梅子那些美丽的水果，酒中还有紫罗兰混合茴香的味道。这不是纳帕赤霞珠，也不是波尔多；它是一种新的酒，它是与众不同的酒。它为保守的阿根廷铺就了一条通向远方的胜利之路。卡特纳用他的科学头脑判断，提高生产效率的最佳方法是种植经历过严寒的老葡萄藤。在阿根廷，低温就意味着高海拔地区。阿根廷的葡萄大多是集中在门多萨（Mendoza）周边平坦的土地上。但安第斯山脉却耸立与这个城市的背后。山两侧的峡谷就是卡特纳所需要的，他在武考山谷（Uco Valley）及图蓬加托山（Tupungato）与胡塔拉利（Gualtallary）上游发现了这些地点。当卡特纳的葡萄园经理陪同我第一次来探访时，他谈论的都是缺水问题和霜冻的风险。现在，他率领着门多萨（Mendoza）所有最精干、最聪明的酿酒师们，克服了霜冻和缺水问题，创造出了一系列的色香味俱佳的红葡萄酒，将阿根廷从没有希望的开始，送到了一款世界不可抗拒的红酒的创造者的位置上。

1995年
奈提伯起泡酒

历经了近 2000 年，世界终于认识到英格兰也能酿出了不起的葡萄酒。从罗马时期到 1998 年，没有人关注英格兰酒，直到一款叫做奈提伯（Nyetimber）的葡萄酒获得了世界最佳起泡酒奖杯。

在国际葡萄酒烈酒大赛（International Wine & Spirit competition）上，奈提伯经典 1993 年份酒（Nyetimber Classic Cuvée 1993）击败所有起泡葡萄酒（包括香槟），获得了最高奖项。这已是该公司第二款年份酒获此殊荣了。一年前，他们的第一款 1992 年份酒获得了最佳英格兰葡萄酒的荣誉，比这更重要的是它被选为英国女王五十周年金婚庆典用酒。这款老英国酒是如何在短短几年之内从一个笑柄成为世界级选手的呢？

我们要感谢美国人。两个非常勇敢的芝加哥人——桑迪（Sandy）和斯图亚特·莫斯（Stuart Moss），他们认为英格兰能够酿出香槟品质的起泡酒。真的吗？他们在 1986 年买下了奈提伯庄园（Nyetimber estate），那是我见过的建筑与花园组合的最可爱的庄园之一。它的土壤是绿色沙土，上面有一层白垩岩土。只有一些最好的香槟葡萄园是种在绿沙土上，其余大部分都是种在白垩岩土上，也许有苔藓敷在其上。他们没有让土地闲置，每个人都说他们应该种苹果，官僚们总爱说这种话。我们没有新西兰的马尔堡长相思苏维农葡萄（Marlborough Sauvignon），也没有俄勒冈黑皮诺（Oregon Pinot Noir），不知是否真有信徒相信他们。莫斯只聘请了一位香槟专家，要求他回家乡来种植霞多丽、黑皮诺和皮诺莫尼耶（Pinot Meunier）。他们还告诉他，他们想购买所有最好的香槟酒生产设备，还希望他教他们如何酿造起泡酒，就像他在自己家里做的那样。1988 年，他们种上了葡萄藤。1998 年，他们就赢得了世界最佳起泡酒的奖项。

也许这是一个英格兰的典型事例，几个勇敢的芝加哥人要证明英格兰是一个与香槟地区一样能酿造起泡酒的好地方。这里位于奈提伯（Nyetimber）以南，距其只有九十英里，从加莱（Calais）开车到这里只需两个来小时。

他们给予英格兰最好的礼物就是树立了确实能够酿造优质起泡酒的信心。在肯特郡北部和南部分布着很多丘陵，例如苏塞克斯郡（Sussex）、萨里郡（Surrey）、汉普郡（Hampshire）和多塞特郡（Dorset）的一部分，形成了一片叫作巴黎的盆地（Paris Basin），里面都是灰白色石灰岩土壤。随着全球气候变暖，英格兰南部气候实际上比香槟地区更暖些，即使夏天很凉爽。这是一件好事。随着全球的气温上升，香槟生产商们非常担心葡萄的含酸量减少，充分的酸度是制造新鲜的起泡葡萄酒的关键，但你必须要等到你的葡萄成熟。自 20 世纪 70 年代以来，英格兰葡萄的糖分含量几乎翻了一番。难怪去年当我参观英格兰葡萄园时，无论我走到哪里，都听说人们纷纷离开了香槟地区。他们要去做什么呢？你们赞赏这么做吗？

奈提伯庄园（Nyetimber Manor）曾经属于克利夫斯家族的安妮（Anne of Cleves），亨利八世（Henry VIII）的第四任妻子。这是我在全世界看到过的最宁静的庄园之一

奈提伯（Nyetimber）扩大了葡萄园，现在超过 400 英亩。大部分的葡萄藤都种在苏塞克斯（Sussex）绿砂土上，但最新的是种植在汉普郡（Hampshire）的白垩岩土壤上，主要是霞多丽葡萄。汉普郡土地上的霞多丽的味道明显不同于苏塞克斯的霞多丽

我不确定这里的瓶子算是什么形状，但它们可以证明，在斯德哥尔摩（Stockholm）西部的布拉克萨塔（Blaxsta）葡萄园，不仅种有典型的寒带葡萄维达尔（Vidal），也有温带的明星品种，例如霞多丽和梅洛葡萄。右边的酒是用苹果酿造的。这使我们回到真实的世界

21世纪
最北端的葡萄园

这一切将结束在哪里？当我第一次发现约克郡（Yorkshire）葡萄酒时，惊叹于它在那样的风土条件里生存，那时我想没有人会比这个葡萄园还往北的地方种植葡萄了。

比约克郡还往北的地方突然很快出现了其他一些葡萄品种。我自己坐在傍晚的阳光里，一边喝着欢喜山（Mount Pleasant）葡萄酒，一边凝视着莫克姆湾（Morecambe Bay）的沙滩。我就静静地待在葡萄园里！但肯定不是在苏格兰。这样真的很疯狂。我想其实每个置身于如此极端的葡萄园内的人都会有这样的疯狂举动。为什么你会这样做？法国南部那些美好的娱乐场所出什么事情了吗？第一个在泰赛德区（Tayside）的苏格兰山区种下48颗葡萄藤的人是一个南非人，他没有留下什么品酒记录是可以理解的。但是一个叫克里斯托弗·特洛特（Christopher Trotter）的小伙子还留在那里，就在法夫（Fife），他的200棵葡萄藤已经结出了果实，哇哦，要为他点赞！2013年他酿出了葡萄酒。他愉快地说，他面临的主要问题不是缺乏阳光或有强风，而是鹿。我想知道是否像他们所说的那样，在外赫布里底群岛（Outer Hebrides）也有人在刘易斯岛（Isle of Lewis）上种葡萄。

这些不列颠群岛上的葡萄种植者们，尽管可能无所畏惧，但他们也不是在世界最北端酿酒的发起人。德国人认为这个头衔应归于他们在北纬55°的丹麦叙尔特岛（Sylt）上的那一段时间。但是丹麦以50多个酒厂和葡萄园迅速发展起了自身的葡萄酒文化。拉脱维亚（Latvia）接着声称最北端的葡萄园应是他们位于北纬57°的葡萄园。那里生长着一大批有趣的葡萄，有阿尔法（Alpha）、兹尔伽（Zilga）、鸠布勒纳诺夫哥罗德（Jubilejna Novgoroda）和美味的斯库金丝675（skujins – 675）。我曾与世界上最伟大的葡萄专家何塞·弗拉穆兹（José Vouillamoz）博士去那里做过考察。他了解世界上每一种葡萄，但不包括这些。事实上，我已经尝试了它们中的一些，它们是爱沙尼亚吗？无论如何是很糟糕的葡萄。在瑞典南部，还有一个有着四十多年历史的繁荣葡萄园，也声称在斯德哥尔摩以西、北纬59°的布拉克斯塔（Blaxsta）葡萄园是北部之最。这些足够了吗？

这还不完全，挪威也挤了进来。在北纬59°23'15"泰勒马克郡还有一个乐可卡萨（Lerkekasa）葡萄园。这个区域以苹果和酸樱桃而闻名，没有品酒记录。但你可以租一个"酒桶里的床"葡萄园。真是个奇怪的名字。

这让我们留在了芬兰。我不是在开玩笑。在北纬61°14'13"，在波地尼亚海湾（Gulf of Bothnia）的奥尔基洛托（Olkiluoto）岛上，他们有一个四分之一英亩的葡萄园，每年产出1875磅兹尔伽（Zilga）葡萄。它与当地的核电站为邻，让废水流过葡萄藤来保持温度。这是一个多么方便的做法啊！如果在芬兰漫长的北极晚上发生停电，你不会找不到你的葡萄酒，角落里的酒瓶还会发光。

这是芬兰奥尔基洛托（Olkiluoto）核电站。自2005年以来，他们一直在酿酒。欢迎品尝样品

布拉克斯塔（Blaxsta）葡萄园在夏天拥有干燥、温暖的气候，日照时间相当长。这是这个葡萄园在瑞典的冬季里一个典型的场景

自然发酵葡萄酒

我爱品酒过程中的不同意见。我喜欢讨论，喜欢新见解，喜欢可相互取代的观点。也许我尤其喜爱的是当人们在热情的鼓励和辩论中把酒瓶很快倒空的那个情景。最后我总是从别人的观点中学到某些东西。

这就是为什么"自然发酵葡萄酒"运动令我烦恼。如果这是现在的一场运动，也就是一场观点和意见的风暴，蜂拥而来的人们都想要做些与主流模式不同的事情，我举双手赞成。有争议才会有发展。打开这些酒瓶，让我们在往日的美好时光里展示我们不同的意见。但是，如果我被告知这些可爱的人工酿造的葡萄酒，当然是经过适当的现代技术酿制的，它们是有毒的、非天然的、近乎违反道德的 …… 不，这不仅仅是提出一个激发讨论的议题，而是在陈述一个事实。不要争吵。如果我想说，"等一下——他们提供的葡萄酒更像是醋，它是酸的、氧化了的、放坏了的，你介意我说我不喜欢它吗？这意味着我是一个恶人吗？"为什么我们要选择这种顽固好斗的方式？通往葡萄酒天堂的路途充满着不同看法。我们在聊的是自然发酵葡萄酒运动？是的。是自然发酵葡萄酒的思想观念？不。

那么什么是自然发酵葡萄酒？它们可能是地球上最好的、最有趣的葡萄酒，但是也至少是可以饮用的，因为大自然会使酒变成醋，如果你允许的话。简而言之，它通常涉及使用有机的生物自然培植的葡萄，在酒厂里尽可能减少人类或科学干预的一种葡萄酒酿造方法。使用本地葡萄园的原生酵母，不另加酵素，不加糖和酸性添加剂（在很冷的季节里，可以添少许糖来帮助发酵），没有人工培育的乳酸菌，没有防腐剂（有时为了防止葡萄酒氧化或变成醋，可以用一点儿二氧化硫），最好不要过滤和纯化。各国的酒厂都在越来越多地使用逆渗透设备、旋转锥、真空浓缩器 …… 听起来有点儿像是搞工业吗？它确实是这样。很多一流的葡萄酒厂也有这些机器。据说它们会使葡萄酒的味道更好。这是酿酒的要点。还有更好的办法吗？所有这些机器可以增加或减少酒精水平、深化颜色和酒质纹理还有单宁，它们不会使葡萄酒改变本来的性质吗？我认为

它们会的。但是有些人，包括许多最强大的葡萄酒评论家和商人喜欢这样的结果。我们无法堵住他们的嘴巴。我认为如果采用相反的方法，即用自然的方式，也可以生产出有挑战性的和不可预测的原始葡萄酒，有着我们从未体会过的不同的颜色、质感和口味，这肯定是一个更好的方法。对某一些人来说，是的。但对许多人来说，不行。自然发酵葡萄酒应该不是一种宗教，它应该是一些优秀的酿酒师可以实现的一个愿望。也许问题在于"自然发酵"葡萄酒是一个太大、太好的课题。它超越了所有的高地。

自然活动对于葡萄园和酒厂一样重要，没有什么能比葡萄种植者和他的马匹静静地耕作的情景更加永恒

左图：莫尔（Maule）在智利南部地区采用非灌溉方法种植了大量的佳丽酿葡萄（Carignan），这种低酒精含量（12.9%）的葡萄激活了"自然发酵葡萄酒"运动。

右图：托布雷酒庄（Torbreck）以自己的名义寻找拯救澳大利亚巴罗莎谷（Barossa Valley）的古老葡萄藤，所以"自然发酵"的方法应该很容易获得。这瓶歌海娜（Grenache）自然酒精度是 15.34%，没有任何添加物

杰弗里·格罗斯（Jeffrey Grosset）促使克莱尔谷雷司令的生产商在 2000 年决定改用螺旋盖封瓶，并且推广其应用至澳大利亚和新西兰。左面这瓶酒是格罗斯酒庄系列葡萄酒的其中之一，现在使用的就是螺旋盖

2004 年，科帕谷（Corbett Canyon）葡萄酒，美国最大的葡萄酒品牌之一，它的所有酒瓶都改用斯蒂文螺旋盖封口

螺旋瓶盖

很多人可能已经厌恶了软木塞酒瓶，说：如此浪费我的钱，我受够了浪费，我要开始喝用螺旋瓶盖的葡萄酒。

我们有超过一百种的葡萄酒。我在 2000 年去澳大利亚南部的克莱尔谷（Clare Valley）做葡萄酒评判时开始思考，是我有误区呢，还是许多葡萄酒有误区？有这个想法的人不止我一个，其他的评判员也是越来越焦虑。我们驳回了大约 30% 的葡萄酒，因为它们被其使用的软木塞所拖累。当一款酒用软木塞封口，就意味着会有杂质通过软木塞进入酒中，自然界里的细菌轻则使酒的口感归于平淡，重则使酒发霉。这对于某些葡萄品种影响更大，尤其是那些没有使用橡木陈化提味的葡萄酒。克莱尔谷的骄傲和喜悦来自雷司令（Riesling），然而，它却遭到了损害。刚刚被评为"澳大利亚年度最佳酿酒师"的杰弗里·格罗斯（Jeffrey Grosset）及其酿酒师们，决定开始为酒瓶采用螺旋盖封口。到了 2001 年，更多的人加入他们的行列。我去新西兰做评判时，又驳回了一大批软木塞有污染的葡萄酒，包括长相思（Sauvignon）、赛美蓉（Semillon）和雷司令（Riesling）。新西兰人也说出同样的话：我们已经受够了，我们要改用螺旋盖。

如今，螺旋盖不仅已经被大多数白葡萄酒和部分红酒完全接受，而且一些新世界的长相思和雷司令也在积极地选型。但当时对于螺旋盖有一个偏见，那就是"便宜货"。其实螺旋盖不是一项新技术，早在 1889 年它就在英格兰发明出来了，发明者名叫丹·阮兰德（Dan Rylands），并在约克郡（Yorkshire）的巴恩斯利（Barnsley）取得了专利证明。但当时大概不是用于葡萄酒。

一家名为哈梅尔（Hammel）的瑞士公司在 1972 年首先开始将螺旋盖用于葡萄酒，起因是他们精美的莎斯拉（Chasselas）葡萄酒被毁于糟糕的软木塞。南非和澳大利亚则是在 20 世纪 70 年代开始试用螺旋盖。我曾有一些 330 毫升的十年南非好酒，还有南澳洲的御兰堡（Yalumba）和彼得莱曼（Peter Lehmann）雷司令，它们都是窖存了 20 年的好酒，都使用了螺旋盖。

但由于公众仍然认为螺旋盖就是便宜酒，试用便天折了。澳大利亚人和新西兰人于 2001 年完美地划出了时限，那时的新世界（New World）正在走鸿运，相对于旧世界（Old World）的那些浑浊古朴的葡萄酒，人们更乐于选择来自新世界的新鲜清澈的葡萄酒。新西兰长相思（Sauvignon）酒是一个新的超级巨星。如果他们说"我们要改用螺旋盖"，就会有相当多的酒客追随他们。这场战斗还没有结束，许多国家依然喜欢软木塞，包括欧洲和美洲。对于一些葡萄酒，尤其是品牌红酒，使用优质软木塞也许更好。但对于那些需要用冰桶冷却的长相思、雷司令、灰皮诺（Pinot Gris）和赛美蓉，随时都可以改用螺旋盖。

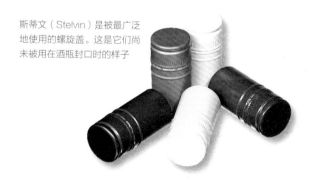

斯蒂文（Stelvin）是被最广泛地使用的螺旋盖。这是它们尚未被用在酒瓶封口时的样子

HAMMEL

TERRES DE VINS

1972 年，瑞士的哈梅尔（Hammel）成为使用螺旋盖的第一家酿酒厂。他们精美的莎斯拉（Chasselas）白葡萄酒曾被劣质软木塞所害

2001年

仙芬黛

若听一些加州人谈论仙芬黛（Zinfandel）葡萄酒，你会认为葡萄是加州本土作物。不是吗？不是它酿出原始的加州葡萄酒吗？不是它在淘金大潮中为"四十九位淘金者"解渴？它是加州的一个符号，如同金门大桥或者好莱坞。除非它不是。

加州没有本土酿酒葡萄品种。仙芬黛甚至不是第一个来到加州的葡萄品种，米申（Mission）葡萄是首先被传教士们在 18 世纪带来的。实际上，当仙芬黛初到加州时没有人知道它，或者坦白地说，没人知道它是如何来到加州的。事实上，那时很长时间都没有一个人真正了解什么是仙芬黛葡萄。

但现在我们都非常了解它了。加州从 20 世纪下半叶成为了世界研究葡萄酒和葡萄种植的中心。人们对于赤霞珠（Cabernet）和霞多丽（Chardonnay）、梅洛（Merlot）和黑皮诺（Pinot Noir）葡萄的研究取得了大量的成果。但任何研究都是有遗漏的。人们说仙芬黛是加州的原生葡萄。但它到底来自哪里呢？它似乎并没有与加州的任何东西有联系，即使与法国也联系不起来，那里可是多数加州葡萄的来源地。西班牙呢？意大利呢？最后还有一线希望，一位美国种植科学家，他不是酿酒师，在 20 世纪 60 年代的某一天，他在意大利普利亚大区（意大利地图上的高跟位置）尝到了用普里米蒂沃（Primitivo）葡萄酿出的酒，感觉很像是加州的仙芬黛葡萄酒。于是他要求看一看普里米蒂沃（Primitivo）葡萄，他认为它们看起来也非常相似。所以他安排人采集了一些植株送到加利福尼亚，种在仙芬黛葡萄的旁边。到了 1975 年，仙芬黛葡萄被确认就是普里

这些葡萄有各式各样的名字。它们现在的名字"仙芬黛"闻名世界

米蒂沃葡萄。但是，普里米蒂沃葡萄实际上不是意大利品种，而是来自别的地方；普里米蒂沃只是一个本地的名字。

意大利人认为普里米蒂沃葡萄是从达尔马提亚（Dalmatia，南斯拉夫一个区。译者注）穿过克罗地亚（Croatia）南部的亚得里亚海（Adriatic）来到了意大利，与普拉瓦茨马里（Plavac Mali）葡萄是一样的。但它们属于同类不同种。它们是相关联的，但却是不相同的。最后，经过加州大学戴维斯分校（University of California, Davis）的一位科学家的耐心溯源，终于得出了答案。这位科学家名叫卡罗尔·梅雷迪思（Carole Meredith），她与克罗地亚的一些同事仔细梳理了达尔马提亚的葡萄园，直到 2001 年，他们才在斯普利特[1]（Split）附近发现了十棵老葡萄藤，由此证明了普里米蒂沃葡萄和仙芬黛葡萄是相同的品种。它们的原名叫做 Crljenak Kaštelanski。难怪只剩下十棵葡萄藤。然后他们在另一处花园又发现了一些更古老的葡萄藤，是在花园里，而不是在葡萄园里，也在斯普利特港附近。它们也是与仙芬黛葡萄相同的，但名字是普里比德拉（Pribidrag）或特里比德拉（Tribidrag），这要取决于那个时期的老板在发音时是否带着

---

1. 斯普利特：克罗地亚的一个商港

萨特·霍姆是一位资深的仙芬黛专家，现在只专注于酿造仙芬黛葡萄酒，他使用的是内华达山脉（Sierra Nevada Mountains）阿马多尔县（Amador County）的一些加州最古老的仙芬黛葡萄

SUTTER HOME
1977
AMADOR COUNTY
ZINFANDEL

他的假牙。所以仙芬黛葡萄就是普里米蒂沃葡萄，或叫作卡斯特拉瑟丽（Crljenak Kaštelanski）、普利德拉（Pribidrag）、比德拉（Tribidrag）……好了，名字够多了。但它又是如何去的加州呢？

这个问题我们确实不知道。但是有这么个线索：克罗地亚（Croatia）曾经是奥匈帝国（Austro-Hungarian Empire）的一部分。在维也纳有一个帝国苗圃，收集了这个帝国境内的所有的品种。特里比德拉（Tribidrag）那时就一直在那里。所以仙芬黛（Zierfandler）这个粉红色的品种也就在维也纳南部生长。苗圃主人叫乔治·吉布斯（George Gibbs），他在这个苗圃里选择了一些葡萄藤带到了纽约长岛（Long Island, New York），就是他传播的它们。这些葡萄都有着很长的名字，我怀疑是否所有的标签在航行中保存完好，例如常见的有"Zierfandel""Zinfardel""Zinfindal""Zinfendal"，总之叫什么都行。说实话，没有人太介意这些名字。当然，不包括在1832年卖出黑"仙芬黛（Zinfendal）"葡萄的那位波士顿的苗圃主人，也不包括加州人弗雷德里克·麦肯德瑞（Frederick Macondray）或J. W. 奥斯本（J. W. Osborne），他们可能是从新英格兰（New England）把"仙芬黛"带到了西海岸（West Coast）。还有索诺玛（Sonoma）葡萄的种植者威廉·伯格斯（William Boggs），他种下了仙芬黛并出售它的植株。是他们给加州带来了仙芬黛吗？当然也有可能是圣克莱拉郡（Santa Clara County）的安东尼·德尔玛（Antoine Delmas），因为他也从新英格兰带了一些来；或者也许是萨克拉门托（Sacramento）市的A. P. 史密斯（A. P. Smith），他种的一些"仙芬黛"很不错。纳帕谷的杰克伯·师然姆（Jacob Schram）对他的"仙芬黛"也是热情十足。究竟是谁把仙芬黛带到了加州，我们不能确定，但他应该是这些人中的一个，是他最初从东海岸购买了来自维也纳皇家苗圃（Vienna's Imperial Nursery）的葡萄植株。至于是谁最终决定把仙芬黛的英文名字拼写为"Zinfande"，可能是一个叫作约翰·菲斯克·艾伦的葡萄种植者。

与仙芬黛相比，卡斯特拉瑟丽（Crljenak Kaštelanski）不是很时髦的一个名字，但这是来自克罗地亚的达尔马提亚海岸真正的仙芬黛，有驴为证

里奇（Ridge）是加州最著名的仙芬黛红葡萄酒厂，位于干河谷（Dry Creek）的里顿斯普林斯（Lytton Springs）是一个著名的古老的葡萄园。有趣的是，仙芬黛葡萄酒只有82%仙芬黛的葡萄，其余由16%的小西拉（Petite Sirah）葡萄和2%的佳丽酿葡萄（Carignane）一起酿造。这就是经典老加州红酒的传统"田间混合"

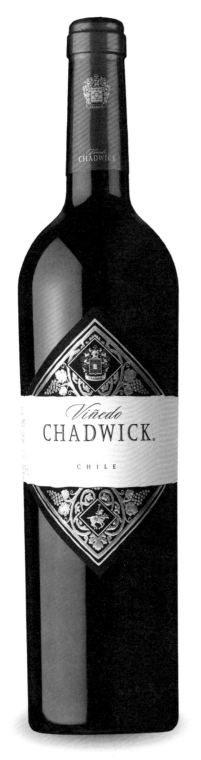

查德威克葡萄园坐落在圣地亚哥边境的东南方向，在安第斯山脉的山脚下面

剩下的几根马球门柱显示这里曾是一个顶级马球场。现在则是一个种植顶级赤霞珠的葡萄园——查德威克葡萄园，砂石冲积形成的平地土壤成分看起来几乎完美，波尔多葡萄的茁壮成长令我感到振奋

查德威克葡萄酒来自帕洛阿尔托区域的一个优秀的葡萄园，长期以来以智利最好的赤霞珠种植地区而闻名

2004年
柏林品酒会

每一个葡萄酒国家的发展过程中都有这样一个时刻，即渴望得到尊重，渴望获得认可，渴望它的葡萄酒可以与世界顶级葡萄酒并肩而立。

可怜的老波尔多，经常一次次地被当作靶标举起来却又被射落，因为她的红酒在世界上最为著名。她的红酒都是采用优质品种葡萄酿造，例如赤霞珠、品丽珠和梅洛葡萄，而大多数新国家在此基础上，则有了非常合理的机会做的越来越好。所以要设立一个葡萄酒盲品活动，让波尔多最好的酒向年轻的挑战者发起反击。当然，你需参加者必须具备决断力、自信且自我。首先，他要努力使其葡萄酒质量绝对达到顶级，其次将其产品置于在公众眼前，越广泛越好，让公众把它与那些传统葡萄酒世界的偶像们进行对比。加州有罗伯特·蒙达维（Robert Mondavi），澳大利亚有莱恩·埃文斯（Len Evans），智利则有伊拉苏（Viña Errázuriz）的爱德华多·查德威克（Eduardo Chadwick）。

智利需要的辩护与加州或澳大利亚的有所不同。没有人指责这两个国家愚钝呆滞、原始粗野、自吹自擂和缺乏精致，各种评论如暴雨般扑来，让他们不得不面对，但绝不"沉闷"。智利不知为什么会被贴上沉闷的标签。一个英国作家形容智利是"葡萄酒世界的沃尔沃（Volvo）"，他的意思是可靠但单调乏味。我不知道他驾驶的车是什么，但沃尔沃我还是了解的。它曾是一个过去的标志，但不知何故停滞不前了。我认为这是不公平的，不是因为我对于展现神奇的智利葡萄酒有顾虑，而是我认为智利必须自己来证明它比加州和澳大利亚一点儿都不差。所以爱德华多·查德威克（Eduardo Chadwick）策划了一个活动。世上不单单只有一个像1976年的"巴黎评判"那样的盲品竞赛，在那次活动中，加州葡萄酒击败了波尔多和勃艮第的精华。爱德华多要把他的葡萄酒推到世界各地，与波尔多的经典葡萄酒展开激烈的竞赛。凭借添加香料的超级托斯卡纳（super-Tuscan），例如西施佳雅（Sassicaia）及苏拉雅（Solaia），他变得更加自信。他将挑战一个偶然的闯入者，就像加州的作品一号，这个由菲利普·德·罗斯柴尔德和罗伯特·蒙达维的合资企业推出的优秀选手。

2004年1月23日，他第一次把自己年轻的挑战者送到了柏林。他毫不吝惜对手，诸如拉菲、玛歌拉图2000、玛歌拉图2001。最终获胜的葡萄酒是来自智利麦波山谷（Maipo Valley）的查德威克2000（Viñedo Chadwick 2000）。第二名是塞纳2001（Seña 2001），也是智利酒，紧随其后的是拉菲2000和玛歌2001。在这种成功的鼓励下，查德威克（Chadwick）出发周游世界（无可否认这是他的主要目标市场）。虽然在旧金山、悉尼、开普敦或巴黎都没有品酒活动，但在接下来的九年中，他举行了21次品酒会，分别在圣保罗、东京、多伦多、北京、香港、纽约、莫斯科以及斯德哥尔摩，这些都是需要改变观点并树立声誉的地方。他的葡萄酒总是做得很好，通常是顶级的。2009年5月5日我参加了伦敦品酒会，这次他的葡萄酒比其他地方的要差一点儿。从2005年起，玛歌、拉菲和苏拉雅占据了前三位。我不得不说，我觉得品酒会上还是有点儿"沃尔沃残余"情绪。伦敦有很多波尔多怪胎。但是我呢？我把我的顶级葡萄酒票投给了查德威克2006，尽管我是波尔多2005葡萄酒的粉丝。现场的一些评委对它不屑一顾，说来自马球场复垦土地的它不会是个好东西。这正是爱德华多·查德威克在柏林和世界各地举办品酒会所要努力消除的看法。我检查了那个旧马球场的土壤成分，这是一个典型的砂石质冲积平地，类似南美版本的波尔多梅多克。在20世纪40年代，当时爱德华多的父亲是智利国家马球队的队长，马球比葡萄酒更重要。1992年，葡萄园替代了马球。2004年，这里生产的葡萄酒永远改变了世界对智利潜能的看法。

海拔最高的葡萄园

我想说我已经尝过世界上最高的葡萄园生产的葡萄酒，但你永远不知道那些"最高"的事情。

大家都认同最高的葡萄园在玻利维亚（Bolivia）。那里的葡萄园位于高达 9350 英尺的山上，这不是一个出格的猜测。然而有传言说有的葡萄园慢慢爬上了喜马拉雅山（Himalayas），不丹王国（Bhutan）有一个葡萄园大约在 7545 英尺的高山上，尼泊尔（Nepal）还有一个更高的，达到了 9020 英尺的高度。几乎与玻利维亚的一样高，但不能确定。阿根廷也加入了挑战，科洛姆（Colomé）主要的葡萄园高度是 7545 英尺，要在土路上开四、五个小时的车才能进入到玻利维亚边境附近的安第斯山脉（Andes）。它的邻居塔奎尔（Tacuil）更高。所以科勒姆的老板唐纳德·赫斯（Donald Hess）抬高了他的赌注，从起初在埃拉雷纳尔（El Arenal）的 8530 英尺，到最后，再经两个小时的车程进入到里约布兰科（Rio Blanco）的"高原之巅"阿尔图拉（Altura Máxima），这是一片美丽孤寂的葡萄园，有 74 英亩大，2006 年开始种植葡萄。在马尔贝克（Malbec）的这一小块高度达 10210 英尺的飞地上，种有黑皮诺和长相思白苏维农葡萄。这就是那款我品尝过的最高的葡萄酒——马尔贝克（Malbec），口感很像是用很成熟的葡萄酿造，但又有点儿酸甜味，那是野生樱桃和漫山遍野的紫罗兰伴生的效果。如果智利人能够得偿所愿，他们会超过阿尔图拉（Altura Máxima），他们的领军葡萄专家佩德罗帕拉（Pedro Parra）正在月亮谷（Valley of the Moon）试图建造一个葡萄园，那里高度达到 11190 英尺。所以，现在我要说这是世界最高的葡萄园。

在炎热的国家，例如阿根廷，几乎避不开强烈的日晒，几个位于海边的葡萄园为了得到凉爽的温度，进入大山是唯一的办法。澳大利亚也是被迫这样做，南非和智利的选择是因为他们看到了提高质量的可能性。毫无疑问，这种举动充满危险。霜冻显然是主要的风险。霜冻在冬天结束，春天多发，甚至在夏天也有；当葡萄已经成熟时发生霜冻危害最大。如果你不是在云线以上的高度，你还会有乌云密布大雨倾盆的风险，这时，你又会渴望拨开云端见太阳。

但值得肯定的是，尤其在这个变暖的世界里，这样做的好处还是多过坏处。例如，在阿根廷的门多萨（Mendoza）地区，热度意味着不可能获得香醇美味的葡萄酒，除非你进入安第斯山脉。海拔高度每上升 330 英尺，温度便降低 0.6℃，在作物的生长季节中，这种温差比率可达到每米 1℃ 温差。全球气候变暖不仅增加了温度，也增加了高海拔地区的二氧化碳总量，这使得葡萄藤更容易进行呼吸与光合作用的平衡。尤其在较低纬度地区，例如位于南纬 24°的科洛姆，由于靠近南回归线，强烈的紫外线照射刺激葡萄肌体的芳香细胞，光合作用增厚了葡萄皮，使得单宁增加和颜色变深。这是得益于昼夜之间 20℃ 的巨大温差。

不仅仅新世界在为它们的葡萄园寻求高度，山谷的低处通常有着非常肥沃的土壤，这适合谷类，却不适合酿酒葡萄。所以山坡一直被重视质量的葡萄种植者青睐。这取决于你有多大的勇气坚持下去。现在科罗拉多（Colorado）已经有 9000 英尺高地葡萄园的传奇故事了，那里可能像一个凹形的世界纪录。我已经品尝了一些激动人心的精美高空科罗拉多葡萄酒。长期以来，最高的欧洲葡萄被认为是在菲斯珀泰尔米嫩（Visperterminen），仅低于瑞士的马特洪峰（Matterhorn）。但这些高峰据说只有 3610 英尺，与意大利西西里岛（Sicily）的埃特纳火山（Etna）差不多，意大利北部的奥斯塔（Aosta）虽然高达 4265 英尺，但不能比肩塞浦路斯（Cyprus）的特罗多斯山（Troodos）上 4920 英尺的葡萄园，也许更高（这已经很疯狂了）。目前的欧洲之冠或是归于卡纳里群岛（Canary Islands）特内里费（Tenerife）的奥伯纳（Abona）山庄，它在 5250 英尺的高空秀着肌肉。

这是科洛姆的阿尔图拉·麦克斯米亚（Altura Máxima）葡萄园，海拔
10210 英尺，是目前世界上最高的葡萄园。2011 年他们第一次没有遭到春
冻，所以他们出品了一款酒叫"无霜"

科洛姆的马尔贝克酒业已经跻身于世界上最高的葡萄园
之列，它大约在海拔 7545—8200 英尺之间。我上一次
品尝阿尔图拉·麦克斯米亚葡萄酒时，它还在一个无标
签的酒瓶里

极端的阿塔卡马沙漠

我在半夜醒来。我不能呼吸。我的鼻孔被困紧关闭，当我试着呼吸时则喉咙紧张。我喝了一些水滋润我的喉咙，感觉就像死神用弯曲的手指在给我指明方向。我想，怎么会有人能住在这里，怎么会有人安排了八小时工作制？为什么会有人住在这里？

还有更多的"为什么"以及"如何"的问题，会有人在这个葡萄园工作吗？这个问题是因为当时我在这个葡萄园里工作，它位于智利北部的阿塔卡马沙漠（Atacama Desert）的边缘。这里的葡萄酒甚至都没有名字，但是，它们却很好喝。长相思白苏维农葡萄（Sauvignon Blanc）如同白葡萄酒那样密实，外观有纹皮质坚韧，散发着葡萄柚夹杂着石墨的味道。太极端了！西拉葡萄（Syrah）居然有强烈的西洋李子（damson）、酸橙（lime）、黑莓（blackberry）、皮革（leather）、甘草（licorice）和维克斯达姆膏（Vicks VapoRub）的混合味道，酒精度数是12.5%。我可以买它们吗？我对此表示怀疑。它们每种酒每年只生产80瓶。

这是位于阿塔卡马沙漠（Atacama Desert）边缘的胡瓦斯科省（Huasco）2010年第一次试酿葡萄酒。这里已经有50年没下过雨了。阿塔卡马沙漠是世界上最干燥的地方。为什么要在这里建一个葡萄园？

从我的角度来看，这是因为葡萄酒要有非凡的独特风味。还有一个稍微平凡的原因是这个葡萄园的主人有点儿来头，他拥有胡瓦斯科省（Huasco）的172975英亩的土地，而他只用一小部分种了橄榄。橄榄酒？听起来不错。别忘了这里是阿塔卡马大沙漠（Atacama Desert），50年来没有下过雨。唯一的水源是来自胡瓦斯科河，它是阻止沙漠吞噬掉安第斯山脉的雪融水径之前的最后屏障。当地政府绝不会出让任何本省的水权。除非你是已经在那里了。这个家伙之前买了172975英亩的土地来获得足够的水权种植一些橄榄树。但他准备用少量的水来帮助2.5英亩的葡萄，然后扩大到12英亩，最后是一个32英亩的葡萄园位于旱地，那里满眼是风、阳光、苍白的碎石和灰尘，还有辽阔的天空和盐山。是的，不夸张地说，这里就是一座盐之山。放眼望去就是一幅用盐堆出的景观。但是盐与葡萄肯定是水火不容。除非你准备创造一个极端。

不仅土地是咸的，而且胡瓦斯科河水也充满着矿物质，也是咸的。但这是唯一的灌溉水源，你必须使用它。反常的是，你必须尽可能多地使用，少量的频繁灌溉会使葡萄根和藤皮被盐覆盖，葡萄树衰竭而死。每两周要有一次长时间持续的灌溉，以清洗所有的葡萄根系所镶嵌的盐，当然也在永无止境地向土地添加矿物质和盐，如此循环往复。他们曾试种能抗盐的品种，但那被证明是最糟糕的葡萄。这是一个极端的区域。一切的核心是获取极其数量有限的极端葡萄酒。否则为什么不去容易种植葡萄的地方呢？胡瓦斯科葡萄有着自己的根，而那些能在这个极具挑战性的环境中生存的品种，体现了这个地方的灵魂。目前，这里种的长相思（Sauvignon）、霞多丽（Chardonnay）、黑皮诺（Pinot Noir）和西拉（Syrah）葡萄都具有黏性的肉质；酸度尖锐，有特别的水果和矿物质的风味，像舔了口盐。从这个沙漠产出的醇含量才刚刚超过12.5%。在海雾和寒夜的帮助下，葡萄成熟期的最高气温是24~25℃，果实的平衡成熟率是12.5%~13%。在一个50年没有下雨的沙漠里，灌溉用水有一半是盐水，你应该收获的是葡萄干，但是你获得的却是南美洲最极端的迷人葡萄酒。

对页：这是塔拉阿塔卡马（Tara Atacama）酒庄的第一款商业葡萄酒。注意它那严肃的名字：白葡萄酒1号，红葡萄酒1号，红葡萄酒2号。这三款酒完全用手工生产和装瓶，因此产量很低。市面上只有409瓶白葡萄酒1号和487瓶红葡萄酒1号

2011年
中国

我之所以比朋友们更早知道一些中国葡萄酒，是因为我是一个来者不拒且勇猛无畏的葡萄酒老饕，乐意品尝任何地方的任何形式的任何饮品。而在 20 世纪 80 年代，几乎没有什么葡萄酒能比来自中国的酒更具异国情调。

实际上，只有两种中国葡萄酒来到了英国，长城（Great Wall）葡萄酒和王朝（Dynasty）葡萄酒，而且长城葡萄酒一般是装在牛皮纸箱里。这使得那些狂热的葡萄酒爱好者们跳起来惊呼：这是什么？我总是给他们做许多解释，不是因为我能从中分辨出葡萄品种及其种植土壤，而是从没有哪种葡萄酒有如此的难闻气味，就像我的女佣大妈身上的樟脑球或石脑油。这些瓶子能够存放一百年，因为肯定有些人绝不会喝。

但我也看到了 20 世纪 80 年代的中国葡萄酒的另一面。那时我去那儿拍摄美食节目，经常穿插一些火车上的内容。经过探听和寻访，我发现了一些非常有吸引力的、明亮的、新鲜的雷司令和霞多丽葡萄，它们种植在山东，一个位于北京南面的省份，还有一些很有前景的品丽珠葡萄也来自同一个地方。我想，这应该是中国葡萄酒的未来，因为这些葡萄酒与各种中国东部菜肴搭配很好。从我第一次访华至今，中国已经改变了所有人的认识。众多的依据之一，就是人们对于葡萄酒的态度，无论是对进口酒还是本土酒。进口葡萄酒吸引着更多人的注意力，在前不久的几年里，最昂贵的法国葡萄酒受到狂热的追捧，绝大多数是波尔多红酒。因为中国新贵阶层将其视为财富、优雅和成功的象征。尤其是极品的拉菲酒庄红酒，或者任何与其有关联的、能够彰显出身份的象征性商品。红色是幸运的颜色，红酒对你的心脏有好处，不知怎么回事，"拉菲"这个词击中了中国人的要害。虽然，这种疯狂在近几年冷却了下来，但是我的中国朋友依然期待波尔多捍卫它的地位，迎战勃艮第、意大利酒以及其他品牌。

随着中国经济的自由化，本土产葡萄酒有了显著的变化。我必须承认，在我过去前往中国多地的旅程中，从未看到过当地人悠闲地享用一杯葡萄酒，但葡萄园的扩张一直是惊人的。中国可能已经拥有世界最大的赤霞珠葡萄种植园，还有大量的梅洛葡萄和佳美娜（Carmenère）葡萄。而且在西北省区的新疆也有 24710 英亩的巨大葡萄园，以及与之匹配的葡萄酒厂。那里的吐鲁番盆地，低于海平面 262 英尺，夏季炎热干燥，冬季天寒地冻，葡萄需要被掩埋才能生存。在宁夏，葡萄需要相同的保护。内蒙古南部则是一些最好的葡萄酒起源地。高海拔的葡萄园在遥远的南疆云南也如雨后春笋般出现。但大多数商业活动则是围绕在北京附近的河北省和山东省，拉菲酒庄在那个区域有一个大型合资企业，这个巨人不停地生产着。2011 年，宁夏产的加贝兰葡萄酒，赢得了售价 10 英镑以上的波尔多红酒品种玻璃水瓶奖杯（Decanter Trophy for Red Bordeaux）。2012 年，山东产的瑞枫－奥赛斯酒庄（Château Reifeng-Auzias）葡萄酒，也赢得了售价 10 英镑以上的波尔多红酒品种奖杯。此酒是在品丽珠基础上生产的。

宁夏贺兰山中的晴雪葡萄种植园，这里生产的加贝兰葡萄酒获得过国际大奖。这里具有良好但极端的自然条件，葡萄藤在冬季需要掩埋保护

拉菲红酒是在中国最受欢迎的波尔多葡萄酒。他们为了区别于自产的正宗产品，而在中国单独生产的酒瓶上标有汉字"八"的2008年份酒，因为"八"在中国是个幸运数字

当加贝兰葡萄酒赢得了售价10英镑以上波尔多红酒的玻璃水瓶奖杯时，我与其他人同样惊讶。但这是好东西，是未来的好兆头

这瓶超大号酒瓶装的帕图斯酒庄红葡萄酒（Chateau Petrus）就是传说中的 1947 年份酒，看起来足够逼真，但它实际上却不是。这是瓶逼真的假酒，是审判鲁迪·库尼亚万欺诈案的证据

鲁迪·库尼亚万的诈骗

市场上发现了假的瓶装杰卡斯红酒（Jacob's Creek），品名故意拼错"澳大利亚"和"霞多丽"两个单词，这种欺诈把戏使我们大多数人上了当。但遗憾的是只要有葡萄酒买卖，人们便持续地伪造和掺假。

波斯人、希腊人、罗马都在忙个不停。罗马人忙于增加石膏、大理石粉和铅，还有只有天知道的什么东西。法国仍然是静止在 1500 年后。英国在 1973 年加入欧盟，有一种欺诈的形式还是合法的。在伊普斯威奇（Ipswich）有一套设备，用来把酒注入从法国南部运来的廉价劣质红酒大木桶，然后贴上博若莱（Beaujolais）红葡萄酒、教皇新酒庄（Châteauneufdu-Pape）或圣乔治之夜（Nuits-Saint-Georges）等各种不同的标签后再合法地高价出售，但是这些葡萄酒都是一样的烂货，与博若莱红葡萄酒、教皇新酒庄或圣乔治之夜等酒完全无关。为什么会这样？原因一如既往——为了发大财。

葡萄酒法律使得日常用品的作弊更加困难。但在高端市场情况却不同，时髦的标签和那些供不应求的商品价格膨胀。专家可以一眼分辨出劳力士（Rolex）表或路易威登（Louis Vuitton）包的真假。但是大量的葡萄酒欺诈使用的却是古旧且罕见的酒瓶。谁又能真正知道这里面的酒应该是什么味道呢？具有此种经验的专家数量少而又少。但是大量高价买卖这些显示身份的酒瓶的原因却是由于富人们缺乏葡萄酒知识的自负和虚荣，这种事情经常发生在俄罗斯和中国，丢脸又可悲。如果他们一直卖着高价假酒，

他们可能会尽可能不声张出去。正是这样的市场持续传播着价值数亿美元的欺诈行为。我们不知道究竟有多少钱参与其中。

当然，如果仅以两个 21 世纪最引人注目的案例做判断，这笔钱可能是以亿计算的，尤其是德国商人哈代·罗德斯多克（Hardy Rodenstock），他假冒了 105000 瓶杰斐逊葡萄酒出售。另一位才华横溢的伪造者名叫鲁迪·库尼亚万（Rudy Kurniawan），因欺诈价值达数千万美元的葡萄酒，在 2014 年被判入狱。库尼亚万真的只是一只独狼吗？有更大的势力在背后运作这个造假售假的网络吗？库尼亚万被责令支付 2840 万美元的赔偿金并被没收 2000 万美元的资产，这只是针对一个人！人们感觉他在被查获之前，已经制造的假酒是已经发现的假酒的好几倍，而且他们可能已经经营了几十年。库尼亚万确实是擅长灌瓶、贴标和封装。至于口味，谁能说清呢？我曾有几瓶 19 世纪的罗德斯多克（Rodenstock）葡萄酒，味道相当不错，尤其是年份不长的酒。高级酒类如帕图斯酒庄红葡萄酒（Château Petrus）或罗曼尼康帝（Domaine de la Romanée-Conti），现在使用秘密反欺诈的酒瓶和标签鉴别技术，餐厅也被要求把喝完的空酒瓶摔破弄碎。但这不能阻止传说中的大号和特大号的瓶装年份酒的流通和享用。它们究竟是真的还是假的？而且，哪个更好喝呢？

这是假酒诈骗犯的工具箱。标签是著名的年份葡萄酒，看起来有点儿新，但可以磨损做旧，旧的软木塞和胶囊可以重复使用，但需要做些处理

致 谢

我特别要感谢我的编辑大卫·萨尔莫（David Salmo）。
他是我合作过的最高效、最具建设性的好编辑。

感谢以下为本书提供图片的作者:

Adrian Webster: 185 页（下图）, Alamy: 35 页（上图）, 71 页（左图）, 97 页（上图）. Amfora: 181 页（右图）.
Barboursville Vineyards: 158 页（右上图）. Bassermann-Jordan: 151 页（左图）. Beaulieu Vineyard: 111 页. Bell'agio: 55
页（左图）. Blaxsta Vingård: 194 页. BNPS: 114 页（上图）. Bodega Catena Zapata: 190 页, 191 页. Bodega Colomé:
205 页. Boston Public Library: 47 页（右上图）. Brancott Estate:166 页（中图）, 170 页. British Library: 15 页. Buena
Vista Winery: 85 页. Bürgerspital Würzburg: 34 页, 35 页（下图）. Calera Wine
Company: 144 页（左图）. Casa Vinicola Zonin S.p.A.: 158 页（左图）. Castillo de Perelada: 124 页（左图）. Cephas
Picture Library:44 页, 56 页, 79 页, 87 页, 93 页, 120 页, 185 页（上图）. Château du Clos de Vougeot: 31 页（右图）.
Château La Conseillante: 123 页（左图）. Château Duplessis: 116 页（右上图）. Château Haut-Brion: 80 页. Château
Lafite Rothschild: 81 页（最左边图）, 209 页（左上图）. Château Latour: 81 页（右数第二张）, 115 页（左图）, 122 页.
Château Le Pin: 169 页（中图）. Château Margaux: 81 页（左数第二张）,83 页（上图）. Château de Marsannay: 31 页
（左图）. Château Montelena Winery: 161 页（下图）. Château Mouton Rothschild:81 页（最右边图）, 102 页, 103 页.
Château Pape Clément: 32 页（右下图）. Château Léoville Barton: 82 页（右图）. Château Pichon Longueville Baron:
82 页（中图）, 83 页（下图）. Château Pichon Longueville Comtesse de Lalande: 82 页（左图）. Château Ste. Michelle:
140 页（下图）, 141 页. Château Talbot: 32 页（左图）. Château Valandraud: 184 页. Concha y Toro: 123 页（中图）.
Corbett Canyon Vineyards: 199页（右图）. Corbis: 9 页（左图）, 92 页, 97 页（下图）, 110 页, 136 页, 139 页（左上图）,
162 页, 189 页. Dom Pérignon: 53 页, 108 页. Domaine la Croix Chaptal: 71 页（右下图）. Domaine de la Romanée
Conti: 115 页（右图）. Dr. Konstantin Frank Vinifera Wine Cellars: 126页, 127页. Du Toitskloof Wines: 129页（左图）. E.
& J. Gallo Winery: 132 页, 133 页. Fontanafredda: 74 页（左图）. Gaja: 143 页（右图）. Getty Images: 2 页, 6 页, 19

页（上图），23 页，24 页，27 页，52 页，64 页（上图），86 页，94 页（右下图），96 页，153 页，172 页，173 页，210 页，211 页 . Gibbston Valley Wines: 175 页 . Greek Wine Cellars: 146 页 . Grosset Wines: 198 页（左图）. Hammel:198 页（右下图）. Hanzell Vineyards: 144 页（右图）. Harlan Estate: 169 页（右图）. Harveys: 39 页（左图）. Henri Rebourseau: 30 页 . Herederos del Marqués de Riscal: 88 页，89 页（右图）. Hugh Johnson: 182 页（上图）. Inniskillin: 186 页，187 页 . Jamsheed Wines: 14 页 . Jia Beilan: 209 页（右图）. Joachim Flick: 77 页 . Justino's, Madeira Wines, S.A.: 47 页（左上图）. Klein Constantia: 50 页，51 页 . Laithwaites Wine: 177 页（上图）. Lindeman's: 74 页（左图），166 页（左图）. Louis-Antoine Luyt: 197 页（左图）. Louis Jadot: 68 页（中图）. Louis Roederer: 109 页（左图）. Malamatina: 147 页（右图）. Malet Roquefort: 68 页（左图）. Marchese di Barolo: 74 页（右图）. Marchesi Antinori Srl: 143 页（左图）. Marks & Spencer: 152 页（右图）. Marqués de Murrieta: 89 页（左图）. Mary Evans Picture Library: 59 页 .

Mas de Daumas Gassac: 116 页（左图）. McCann Vilnius: 135 页（上图）. Metropolitan Museum of Art: 9 页（右图），19 页（下图），20 页，28 页，60 页 . Montes Toscanini: 123 页（右图）. Mucha Trust: 124 页（右上图）. Musée d'Orsay, Paris: 90 页 . Nomacorc: 188 页 . Nyetimber Vineyard: 193 页 . Opus One Winery: 165 页 . Penfolds: 72 页（右图），119 页，166 页（右图）. Pernod Ricard Winemakers:171 页 . Petrus: 169 页（左图）. Piper-Heidsieck: 109 页（右图）. Orange County Archives: 101 页（上图）. Oz Clarke: 106 页，107 页，148 页

（右图）. Paperboy Winery: 129 页（右图）. Pol Roger: 10 页 . Quinta do Noval: 104 页 . Ridge Vineyards: 201 页（右图）. Ridgeview Estate Winery: 43 页（右上图）. Robert Mondavi Winery: 139 页（左下及右图）. Royal College of Physicians: 43 页（左上图）. Royal Society: 43 页（下图）. Royal Tokaji Wine Company: 182 页（左图）. Schloss Johannisberg: 67 页（左图）. Sichel: 11 页（右图），148 页（左图）. Shutterstock: 48页，67 页（右图）. Sogrape Vinhos, S.A.: 112页，113 页 . Sutter Home Winery: 157页，200页（右图）. Tabalí: 163页 . Tapanappa Wines: 177 页（下图）. Tenuta San Guido: 142页 . Tetra Pak: 128 页 . Tom Ballard & Eyrie

Vineyards: 154 页（上图）. Torbreck Vintners: 197 页（右图）. Torres: 130页，131页，181 页（左下图）. V&A Images: 63页 . Vega Sicilia:98页 . Vernissage: 135页（下图）. Viña Ventisquero: 206 页 . Viñedo Chadwick: 202 页 . Waldorf Astoria New York: 11 页（左图）. Washington State Wine: 140 页（上图）. Weingut Prager: 68 页（右图）. Wellcome Images: 91 页 . Williams & Humbert: 39 页（右图）. Willamette Valley Archival Photos – Eyrie Vineyards, Jason Lett: 154 页（下图）. Yellow Tail: 149 页 .

本书的创意、设计和编辑由帕维莲（PAVILION）图书集团有限公司的萨拉曼德图书部承担。

索引

图书在版编目（CIP）数据

　　葡萄酒史八千年：从酒神巴克斯到波尔多 / (英)
奥兹·克拉克著；李文良译. -- 北京：中国画报出版
社, 2017.1
　　书名原文: The History of Wine in 100 Bottles
　　ISBN 978-7-5146-1374-2

　　Ⅰ. ①葡… Ⅱ. ①奥… ②李… Ⅲ. ①葡萄酒 - 历史
- 世界 Ⅳ. ①TS262.6-091

　　中国版本图书馆CIP数据核字(2016)第252449号

葡萄酒史八千年：从酒神巴克斯到波尔多

出 版 人：于九涛
作　　者：[英]奥兹·克拉克
译　　者：李文良
策划编辑：赵清清
责任编辑：于九涛 齐丽华
助理编辑：赵清清
设　　计：詹方圆
责任印制：焦　洋
出版发行：中国画报出版社
　　　　　（中国北京市海淀区车公庄西路 33 号 邮编：100048）
开　　本：16 开（787 mm×1092 mm）
印　　张：13.5
字　　数：140 千字
版　　次：2017 年 1 月第 1 版　2017 年 1 月第 1 次印刷
印　　刷：北京博海升彩色印刷有限公司
定　　价：78.00 元

总编室兼传真：010-88417359 版权部：010-88417359
发 行 部：010-68469781　010-68414683（传真）